T0194107

Unsere digitale Zukunft

Carsten Könneker
Hrsg.

Unsere digitale Zukunft

In welcher Welt wollen wir leben?

Herausgeber
Carsten Könneker
Spektrum der Wissenschaft Verlagsgesellschaft mbH
Heidelberg, Deutschland

ISBN 978-3-662-53835-7   ISBN 978-3-662-53836-4 (eBook)
DOI 10.1007/978-3-662-53836-4

Die Deutsche Nationalbibliothek verzeichnet diese Publikation in der Deutschen Natio-
nalbibliografie; detaillierte bibliografische Daten sind im Internet über http://dnb.d-nb.de
abrufbar.

Planung und Lektorat: Frank Wigger, Bettina Saglio

Gedruckt auf säurefreiem und chlorfrei gebleichtem Papier

Springer ist Teil von Springer Nature
Die eingetragene Gesellschaft ist Springer-Verlag GmbH Deutschland
Die Anschrift der Gesellschaft ist: Heidelberger Platz 3, 14197 Berlin, Germany

Vorwort

Niemand sieht sämtliche Folgen der Digitalisierung ab. Die Folgen für den einzelnen Bürger, dessen Verhalten immer genauer von Algorithmen vorhergesagt wird. Die Folgen für Medizin und Gesundheitswesen, die durch Big Data haarfein wie nie zuvor auf den einzelnen Patienten ausgerichtet werden sollen. Die Folgen für die Arbeitsmärkte der Zukunft, für Gesellschaft und Politik.

Die sukzessive Transformation analoger Prozesse ins Digitale, die Fähigkeit, immer größere Datenmengen zu speichern und auszuwerten, die rapide zunehmenden Möglichkeiten der Überwachung: Die digitale Entwicklung verläuft so vielschichtig und dabei in Teilen so dynamisch, dass sogar ihre zentralen Protagonisten, die Schöpfer von Soft- und Hardware, jeweils nur enge Ausschnitte des Geschehens bemessen können. Sogar auf ihren ureigenen Fachgebieten können sie weitere Fortschritte allenfalls auf kurze Sicht verlässlich extrapolieren, und selbst hier bleiben disruptive Überraschungen nicht ausgeschlossen. Das große Ganze vermag auf Grund der Komplexität erst recht kein einzelner Macher zu übersehen. Dasselbe gilt für die Analysten außerhalb der Algorithmenschmieden und Maschinenräume – für Philosophen, Volkswirte oder Soziologen zum Beispiel. Ihnen mangelt es zudem vielfach an mathematisch-technischem Detailwissen, um eine fundierte Zukunftsschau zu wagen.

Trotz oder gerade wegen all dieser Unsicherheiten und Begrenzungen taxiert eine wachsende Zahl von Experten die Wirkungen ihres Tuns: In was für eine Zukunft wird es uns leiten oder gar katapultieren? Die Dynamik der Digitalisierung des privaten wie öffentlichen Lebens, die Verwirklichungen von maschinellem Lernen und künstlicher Intelligenz (KI) bergen historisch beispiellose Herausforderungen für Mensch und Gesellschaft, darin sind sich die meisten Beobachter einig. Doch was genau steht zu erwarten, und wie ist es zu bewerten? Diese Debatte gilt es heute zu führen.

Unsere digitale Zukunft erwächst aus den Rechnern der Wissenschaft. Der wichtigste Antrieb für viele digitale Technologien bestand und besteht darin, bessere experimentelle Daten zu gewinnen sowie diese effizienter auszuwerten und auszutauschen – sei es in der Grundlagenwissenschaft, zum Beispiel der Astro- oder Elementarteilchenphysik, sei es in der angewandten Wissenschaft, der Materialkunde oder der (epi-) genetisch ausgerichteten individualisierten Medizin etwa. Davon profitieren wir alle: als erkennende Menschen, die mehr über die Zusammenhänge der belebten und unbelebten Natur verstehen; als Patienten, die bestmöglich behandelt werden möchten; als Anwender verschiedenster Kommunikationstechnologien, die uns Teilhabe ermöglichen und mündig machen.

Aber es gibt auch andere Blicke auf die mannigfaltigen neuen Möglichkeiten. Die Schreckensszenarien, gezeichnet auch von ernst zu nehmenden Experten, reichen von cyberterroristischen Angriffen auf unsere digitale Infrastruktur über die Verhaltenssteuerung ganzer Nationen bis hin zur Entwicklung autark lernender künstlicher Intelligenzen, die dereinst in der Lage sind, sich selbst weiter zu perfektionieren, und so der Kontrolle des Menschen entschlüpfen. Derlei Zukunftsschau ist psychologisch äußerst mächtig, rekurriert sie doch auf altbekannte Dystopien der Literatur- und Filmgeschichte. Daher gilt es, gerade sie besonders aufmerksam zu prüfen.

Ungleich neuer als das Schreckensbild einer Unterwerfung der Menschheit durch Maschinen und daher erläuterungsbedürftig ist das Szenario, demokratische Wahlen per Algorithmen zu beeinflussen. Dies könnten zum Beispiel eine marktbeherrschende Suchmaschine, wie es Google heute in zahlreichen Ländern ist, oder ein die Aufmerksamkeit von vielen Millionen Menschen steuernder Newsfeed-Algorithmus wie derjenige von Facebook. Wer Menschen manipulieren will, muss lediglich steuern, welcher Nutzer welche Informationen etwa über verschiedene Parteien oder Präsidentschaftskandidaten zu Gesicht bekommt – und welche nicht. Die Algorithmen lenken die Aufmerksamkeitsströme in eine von einem unsichtbaren Entscheidungsarchitekten vorgegebene Richtung. Experten sind sich einig, dass hierüber zumindest knappe Wahlausgänge entschieden werden können. Derlei digitales Nudging (von englisch to nudge = stupsen), ein Begriff der Verhaltensökonomie, ist längst alltäglich. Handelskonzerne etwa nutzen es offensiv zur Umsatzsteigerung: »Andere Kunden, die dieses Produkt gekauft haben, interessierten sich auch für jenes.«

Doch es geht nicht nur um ökonomisches Nudging, um Kaufen und Verkaufen. Rund ein Siebtel der Weltbevölkerung nutzt Facebook derzeit täglich, davon immer mehr – junge – Nutzer auch hierzulande als Nachrichtenmedium. Google hat in Deutschland einen Marktanteil von rund 90 Prozent, in den USA sind es immerhin etwa zwei Drittel. Wer die Aufmerksamkeitsströme von hunderten Millionen von Menschen zu lenken in der Lage ist, verfügt über eine historisch betrachtet völlig neuartige Machtfülle, die auch an Ländergrenzen nicht versiegt und die Möglichkeit für ideologisches Nudging im großen Stil in sich birgt.

Die großen Internetkonzerne bestimmen, welche Informationen wir zugestellt bekommen, ja sie erzeugen weite Teile unserer medial vermittelten Wirklichkeit überhaupt erst. Um die eigenen Geschäfte, die auf Big Data und Verhaltensvorhersage beruhen, auszubauen, verändern und verfeinern die Firmen laufend ihre Codes. Ein ganz normaler Vorgang für Unternehmen, die an ihren Produkten feilen. Für Außenstehende sind diese Justierungen jedoch uneinsehbar. Mit SEO-Beratung (SEO für englisch »search engine optimization«) hat sich sogar ein neuer Berufszweig herausgebildet, dessen Vertreter Organisationen und Firmen empfehlen, wie diese ihre (Produkt-)Informationen so aufbereiten, dass sie möglichst gut von den an sich unbekannten Suchmaschinen-Algorithmen erfasst werden. En detail kennt letztere nur eine kleine Gruppe von Entwicklern innerhalb des jeweiligen Konzerns.

Dass Unternehmen ihre Betriebsgeheimnisse nicht publik machen, ist ihnen kaum vorzuwerfen. Es sind ja gerade ihre Algorithmen, die es den Internet-Giganten ermöglichen, ihre Gewinne zu steigern. Die großen Konzerne vertreten dabei die Auffassung, ihre Codes seien durch die Meinungsfreiheit gemäß des ersten Zusatzartikels zur Verfassung der Vereinigten Staaten geschützt. Damit wären sie annähernd unantastbar, sogar für den Staat selbst – dessen Organe sie über die Steuerung des Wählerverhaltens manipulieren könnten.

Perfide ist ein solches Szenario jedoch nicht nur für Staat und Gesellschaft, sondern auch für den einzelnen Bürger. Dieser wähnt sich in der Rolle des Souveräns, der auf Grund eigener Einstellungen, Vorerfahrungen und Informationen eine freie Wahlentscheidung trifft. Dass jemand bei der Zustellung relevanter Information mit eigener Agenda eingreift, bleibt beim digitalen Nudging unbemerkt und ist auch kaum nachzuweisen. Die Macht der Digitalkonzerne schließt die Verhaltenssteuerung ganzer Gesellschaften durch das Nudging sehr vieler ihrer Individuen ein. Wo sie gebrochen wird, ist es der Staat selbst, der steuert – etwa in China, wo jedem Bürger ein »Citizen Score« zugeschrieben wird, der unter anderem über Karrierechancen und die Vergabe von Reisevisa entscheidet. Freilich geht nicht nur von Plattformbetreibern oder Regimen die Gefahr von Meinungs- und Verhaltensmanipulation aus. Auch Einzelne oder Gruppen können in Sozialen Netzwerken durch massenhaft programmierte Meinungsverstärker, so genannte »Social Bots«, öffentliche Debatten beeinflussen. Sowohl beim Brexit-Referendum als auch während des US-Präsidentschaftswahlkampfs 2016 wurde dies nachweislich in großem Stil unternommen.

Wie also sichern wir Freiheit und Selbstbestimmung in der digitalen Welt, wenigstens in den heutigen westlichen Demokratien? Das ist das große Thema eines Digital-Manifestes, das neun namhafte Experten 2015 in *Spektrum der Wissenschaft* vorlegten. Der Text ist ein zentraler Bezugspunkt für die Debatte um unsere digitale Zukunft und eröffnet diesen Sammelband mit ausgewählten Expertenbeiträgen über wichtige Fassetten der Digitalisierung.

Eng mit den Themen Big Data, Digitalisierung und Algorithmisierung verbunden ist das Forschungsgebiet Künstliche Intelligenz. Auch KI verspricht viel Gutes: Wenn ein Haus lernt vorherzusagen, wann sich seine Bewohner wo aufhalten, kann es winters wie sommers die Temperaturen in allen Räumen so regulieren, dass möglichst wenig Energie verbraucht wird und sich dennoch jeder wohl fühlt. Wenn KI dem Arzt hilft, auch in kniffligen Fällen treffsicher Diagnosen zu stellen und den einzelnen Patienten passgenau zu therapieren, liegt der Nutzen auf der Hand. Doch sollte eine KI, die viel mehr Daten über den Zustand eines Patienten viel schneller auswerten kann als jeder Arzt aus Fleisch und Blut, diesem dann die Behandlung vorschreiben, ja ihn ersetzen? Die Frage lässt sich verallgemeinern: Wie viele Arbeitsplätze gehen mittel- und langfristig durch Fortschritte auf dem Gebiet der KI verloren? Jobs in Domänen, die wir noch vor wenigen Jahren als uneinnehmbar für Technologien erachteten.

Vielleicht unterscheiden sich Mediziner, Berater und Manager nicht prinzipiell von Feld- und Fließbandarbeitern, deren Muskelkraft in unserem Teil der Welt lange schon weitgehend durch Maschinen ersetzt wurde. Manche Beobachter wittern hier eine drohende Arbeitslosenschwemme gerade in anspruchsvollen Bereichen, etwa im Dienstleistungssektor. Denn auch geistige Arbeit wird ersetzbar, je mehr die Wirtschaft digitalisiert ist und lernende KI-Systeme auf Grundlage von Datenanalysen lernen, kluge Entscheidungen zu treffen – klug im Sinne der Gewinnmaximierung in den Unternehmen.

Für unser Selbstverständnis hätte es fundamentale Folgen, sollte Bildung keinen weitreichenden Schutz mehr vor Erwerbslosigkeit bieten. Von den sozialen Problemen durch Massenarbeitslosigkeit selbst unter gut Gebildeten einmal ganz zu schweigen. Doch so weit sind wir zum Glück nicht, und mancher Experte bezweifelt auch, dass es so kommt. Fest steht indes: Die Stellung des Menschen in der Arbeitswelt wird sich durch die Digitalisierung fundamental verändern.

Von künstlicher Intelligenz lediglich als einer Möglichkeit zu sprechen, wäre dabei grundfalsch, denn längst ist sie da. Medial stark beachtet wurde die Niederlage des mutmaßlich besten Go-Spielers der Welt Lee Sedol im März 2016 gegen die KI-Software AlphaGo des Unternehmens Google Deep-Mind. Aber auch in unseren Alltag ist KI bereits eingezogen; auf ihrem Vermögen basieren unsere Internetrecherchen, ebenso die Spam-Filter der E-Mail-Provider, die semantische Sprachanalyse unserer Smartphones sowie jedwede digitale Bilderkennung, um nur einige Beispiele zu nennen.

Wie auch immer die Entwicklung verläuft, die Digitalisierung wird unser künftiges Leben entscheidend prägen. Daher müssen wir uns mit verschiedenen Projektionen in die Zukunft auseinandersetzen und dabei die Einschätzungen der Experten in der Zusammenschau vernehmen und diskutieren. Genau dies zu beflügeln, ist das Ziel des vorliegenden Sammelbands mit ausgewählten Beiträgen namhafter Wissenschaftler aus der Zeitschrift *Spektrum der Wissenschaft*, dem digitalen wissenschaftlichen Wochenmagazin *Spektrum – Die Woche* sowie des Webportals *Spektrum.de*.

Zwar liefert der Band kein abgeschlossenes, konsistentes Bild, das uns die digitale Welt von morgen schon heute vor Augen führt. Ein solches Vorhaben wäre aus den genannten Gründen geradezu unseriös. Doch befinden wir uns mitten in einer technologischen Umbruchphase, vielleicht gar einer Zeitenwende. Daher sind wir alle aufgefordert, kritische Blicke auf die Prognosen zu richten und für Aufklärung zu sorgen. Denn wie alle einstmals neuen Technologien bergen auch die Digitaltechnologien Missbrauchspotenzial. Und wenn es um unseren Zugang zu Information, ja um unsere Selbstbestimmung und Freiheit geht, müssen wir sehr genau hinschauen!

Heidelberg, im Februar 2017

Inhaltsverzeichnis

Teil I

Das Digital-Manifest

Digitale Demokratie statt Datendiktatur

**Dirk Helbing, Bruno S. Frey, Gerd Gigerenzer,
Ernst Hafen, Michael Hagner,
Yvonne Hofstetter, Jeroen van den Hoven,
Roberto V. Zicari, Andrej Zwitter**

Big Data, Nudging, Verhaltenssteuerung: Droht uns die Automatisierung der Gesellschaft durch Algorithmen und künstliche Intelligenz? Ein Appell zur Sicherung von Freiheit und Demokratie.

Auf einen Blick

1. Neun internationale Experten warnen vor der Aushöhlung unserer Bürgerrechte und der Demokratie im Zuge der digitalen Technikrevolution.
2. Wir steuern demnach geradewegs auf die Automatisierung unserer Gesellschaft und die Fernsteuerung ihrer Bürger durch Algorithmen zu, in denen sich »Big Data« und »Nudging«-Methoden zu einem mächtigen Instrument vereinen. Erste Ansätze dazu lassen sich bereits in China und Singapur beobachten.
3. Ein Zehnpunkteplan soll helfen, jetzt die richtigen Weichen zu stellen, um auch im digitalen Zeitalter Freiheitsrechte und Demokratie zu bewahren und die sich ergebenden Chancen zu nutzen.

© Springer-Verlag GmbH Deutschland 2017
C. Könneker (Hrsg.), *Unsere digitale Zukunft*, DOI 10.1007/978-3-662-53836-4_1

Aufklärung ist der Ausgang des Menschen aus seiner selbstver-schuldeten Unmündigkeit. Unmündigkeit ist das Unvermögen, sich seines Verstandes ohne Leitung eines anderen zu bedienen.

Immanuel Kant, Was ist Aufklärung? (1784)

Die digitale Revolution ist in vollem Gange. Wie wird sie unsere Welt verändern? Jedes Jahr verdoppelt sich die Menge an Daten, die wir produzieren (vgl. Abb. 1). Mit anderen Worten: Allein 2015 kommen so viele Daten hinzu, wie in der gesamten Menschheitsgeschichte bis 2014 zusammen. Pro Minute senden wir Hunderttausende von Google-Anfragen und Facebook-Posts. Sie verraten, was wir denken und fühlen. Bald sind die Gegenstände um uns herum mit dem »Internet der Dinge« verbunden, vielleicht auch unsere Kleidung. In zehn Jahren wird es schätzungsweise 150 Milliarden vernetzte Messsensoren geben, 20-mal mehr als heute Menschen auf der Erde. Dann wird sich die Datenmenge alle zwölf Stunden verdoppeln. Viele Unternehmen versuchen jetzt, diese »Big Data« in Big Money zu verwandeln.

Alles wird intelligent: Bald haben wir nicht nur Smartphones, sondern auch Smart Homes, Smart Factories und Smart Cities. Erwarten uns am Ende der Entwicklung Smart Nations und ein smarter Planet?

In der Tat macht das Gebiet der künstlichen Intelligenz atemberaubende Fortschritte. Insbesondere trägt es zur Automatisierung der Big-Data-Analyse bei. Künstliche Intelligenz wird nicht mehr Zeile für Zeile programmiert, sondern ist mittlerweile lernfähig und entwickelt sich selbstständig weiter. Vor Kurzem lernten etwa Googles DeepMind-Algorithmen autonom, 49 Atari-Spiele zu gewinnen. Algorithmen können nun Schrift, Sprache und Muster fast so gut erkennen wie Menschen und viele Aufgaben sogar besser lösen. Sie beginnen, Inhalte von Fotos und Videos zu beschreiben. Schon jetzt werden 70 Prozent aller Finanztransaktionen von Algorithmen gesteuert und digitale Zeitungsnews zum Teil automatisch erzeugt. All das hat radikale wirtschaftliche Konsequenzen: Algorithmen werden in den kommenden 10 bis 20 Jahren wohl die Hälfte der heutigen Jobs verdrängen. 40 Prozent der Top-500-Firmen werden in einem Jahrzehnt verschwunden sein.

Es ist absehbar, dass Supercomputer menschliche Fähigkeiten bald in fast allen Bereichen übertreffen werden – irgendwann zwischen 2020 und 2060. Inzwischen ruft dies alarmierte Stimmen auf den Plan. Technologievisionäre wie Elon Musk von Tesla Motors, Bill Gates von Microsoft und Apple-Mitbegründer Steve Wozniak warnen vor Superintelligenz als einer ernsten Gefahr für die Menschheit, vielleicht bedrohlicher als Atombomben. Ist das Alarmismus?

Größter historischer Umbruch seit Jahrzehnten

Fest steht: Die Art, wie wir Wirtschaft und Gesellschaft organisieren, wird sich fundamental ändern. Wir erleben derzeit den größten historischen Umbruch seit dem Ende des Zweiten Weltkriegs: Auf die Automatisierung der Produktion und die Erfindung selbstfahrender Fahrzeuge folgt nun die Automatisierung der Gesellschaft. Damit steht die Menschheit an einem Scheideweg, bei dem sich große Chancen abzeichnen, aber auch beträchtliche Risiken. Treffen wir jetzt die falschen Entscheidungen, könnte das unsere größten gesellschaftlichen Errungenschaften bedrohen (Abb. 2).

In den 1940er-Jahren begründete der amerikanische Mathematiker Norbert Wiener (1894–1964) die Kybernetik. Ihm zufolge lässt sich das Verhalten von Systemen mittels geeigneter Rückkopplungen (Feedbacks) kontrollieren. Schon früh schwebte manchen Forschern eine Steuerung von Wirtschaft und Gesellschaft nach diesen Grundsätzen vor, aber lange fehlte die nötige Technik dazu.

Heute gilt Singapur als Musterbeispiel einer datengesteuerten Gesellschaft. Was als Terrorismusabwehrprogramm anfing, beeinflusst nun auch die Wirtschafts- und Einwanderungspolitik, den Immobilienmarkt und die Lehrpläne für Schulen. China ist auf einem ähnlichen Weg. Kürzlich lud Baidu, das chinesische Äquivalent von Google, das Militär dazu ein, sich am China-Brain-Projekt zu beteiligen. Dabei lässt man so genannte Deep-Learning-Algorithmen über die Suchmaschinendaten laufen, die sie dann intelligent auswerten. Darüber hinaus ist aber offenbar auch eine Gesellschaftssteuerung geplant. Jeder chinesische Bürger soll laut aktuellen Berichten ein Punktekonto (Citizen Score) bekommen, das darüber entscheiden soll, zu welchen Konditionen er einen Kredit bekommt und ob er einen bestimmten Beruf ausüben oder nach Europa reisen darf. In diese Gesinnungsüberwachung ginge zudem das Surfverhalten des Einzelnen im Internet ein – und das der sozialen Kontakte, die man unterhält (siehe Kasten »Blick nach China«).

Mit sich häufenden Beurteilungen der Kreditwürdigkeit und den Experimenten mancher Onlinehändler mit individualisierten Preisen wandeln auch wir im Westen auf ähnlichen Pfaden. Darüber hinaus wird immer deutlicher, dass wir alle im Fokus institutioneller Überwachung stehen, wie etwa das 2015 bekannt gewordene »Karma Police«-Programm des britischen Geheimdienstes zur flächendeckenden Durchleuchtung von Internetnutzern demonstriert. Wird Big Brother nun tatsächlich Realität? Und: Brauchen wir das womöglich sogar im strategischen Wettkampf der Nationen und ihrer global agierenden Unternehmen?

Blick nach China: Sieht so die Zukunft der Gesellschaft aus?

Wie würden die Möglichkeiten der Verhaltens- und Gesellschaftssteuerung unser Leben verändern? Das nun in China umgesetzte Konzept eines Citizen Scores gibt uns eine Vorstellung davon: Durch Vermessung der Bürger auf einer eindimensionalen Rankingskala ist nicht nur eine umfassende Überwachung geplant. Da die Punktezahl einerseits von den Klicks im Internet und politischem Wohlverhalten abhängt, andererseits aber die Kreditkonditionen, mögliche Jobs und Reisevisa bestimmt, geht es auch um die Bevormundung der Bevölkerung und ihre soziale Kontrolle. Weiterhin beeinflusst das Verhalten der Freunde und Bekannten die Punktezahl, womit das Prinzip der Sippenhaft zum Einsatz kommt: Jeder wird zum Tugendwächter und zu einer Art Blockwart; Querdenker werden isoliert. Sollten sich ähnliche Prinzipien in demokratischen Staaten verbreiten, wäre es letztlich unerheblich, ob der Staat die Regeln dafür festlegt oder einflussreiche Unternehmen. In beiden Fällen wären die Säulen der Demokratie unmittelbar bedroht:

- Durch Verfolgen und Vermessen aller Aktivitäten, die digitale Spuren hinterlassen, entsteht ein gläserner Bürger, dessen Menschenwürde und Privatsphäre auf der Strecke bleiben.
- Entscheidungen wären nicht mehr frei, denn sie würden bestraft, wenn sie gegen die von Staat oder Unternehmen festgelegten Kriterien verstoßen. Die Autonomie des Individuums wäre vom Prinzip her abgeschafft.
- Jeder kleine Fehler würde geahndet, und kein Mensch wäre mehr unverdächtig. Das Prinzip der Unschuldsvermutung wäre hinfällig. Mit Predictive Policing könnten sogar voraussichtliche Regelverletzungen bestraft werden.
- Die zu Grunde liegenden Algorithmen können aber gar nicht völlig fehlerfrei arbeiten. Damit würde das Prinzip von Fairness und Gerechtigkeit einer neuen Willkür weichen, gegen die man sich wohl kaum mehr wehren könnte.

- Mit der externen Vorgabe der Zielfunktion wäre die Möglichkeit zur individuellen Selbstentfaltung abgeschafft und damit auch der demokratische Pluralismus.
- Lokale Kultur und soziale Normen wären nicht mehr der Maßstab für angemessenes, situationsabhängiges Verhalten.
- Eine Steuerung der Gesellschaft durch eine eindimensionale Zielfunktion würde zu Konflikten und damit zu einem Verlust von Sicherheit führen. Es wären schwer wiegende Instabilitäten zu erwarten, wie wir sie von unserem Finanzsystem her bereits kennen.

Eine solche Gesellschaftssteuerung wendet sich ab vom Ideal des selbstverantwortlichen Bürgers, hin zu einem Untertan im Sinne eines Feudalismus 2.0. Dies ist den demokratischen Grundwerten diametral entgegengesetzt. Es ist daher Zeit für eine Aufklärung 2.0, die in einer Demokratie 2.0 mündet, basierend auf digitaler Selbstbestimmung. Das erfordert demokratische Technologien: Informationssysteme, die mit den demokratischen Prinzipien vereinbar sind – andernfalls werden sie unsere Gesellschaft zerstören.

Programmierte Gesellschaft, programmierte Bürger

Angefangen hat es scheinbar harmlos: Schon seit einiger Zeit bieten uns Suchmaschinen und Empfehlungsplattformen personalisierte Vorschläge zu Produkten und Dienstleistungen an. Diese beruhen auf persönlichen und Metadaten, welche aus früheren Suchanfragen, Konsum- und Bewegungsverhalten sowie dem sozialen Umfeld gewonnen werden. Die Identität des Nutzers ist zwar offiziell geschützt, lässt sich aber leicht ermitteln. Heute wissen Algorithmen, was wir tun, was wir denken und wie wir uns fühlen – vielleicht sogar besser als unsere Freunde und unsere Familie, ja als wir selbst. Oft sind die unterbreiteten Vorschläge so passgenau, dass sich die resultierenden Entscheidungen wie unsere eigenen anfühlen, obwohl sie fremde Entscheidungen

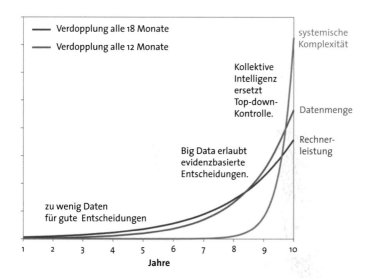

Abb. 1 Innerhalb weniger Jahre hat die rasante Vernetzung der Welt die Komplexität unserer Gesellschaft explosionsartig erhöht. Dies ermöglicht zwar jetzt, auf Grund von »Big Data« bessere Entscheidungen zu treffen, aber das bisherige Prinzip der Kontrolle von oben funktioniert immer weniger. Verteilte Steuerungsansätze werden zunehmend wichtiger. Nur mittels kollektiver Intelligenz lassen sich noch angemessene Problemlösungen finden

sind. Tatsächlich werden wir auf diese Weise immer mehr ferngesteuert. Je mehr man über uns weiß, desto unwahrscheinlicher werden freie Willensentscheidungen mit offenem Ausgang.

Auch dabei wird es nicht bleiben. Einige Softwareplattformen bewegen sich in Richtung »Persuasive Computing«. Mit ausgeklügelten Manipulationstechnologien werden sie uns in Zukunft zu ganzen Handlungsabläufen bringen können, sei es zur schrittweisen Abwicklung komplexer Arbeitsprozesse oder zur kostenlosen Generierung von Inhalten für Internetplattformen, mit denen Konzerne Milliarden verdienen. Die

Entwicklung verläuft also von der Programmierung von Computern zur Programmierung von Menschen.

Diese Technologien finden auch in der Politik zunehmend Zuspruch. Unter dem Stichwort Nudging versucht man, Bürger im großen Maßstab zu gesünderem oder umweltfreundlicherem Verhalten »anzustupsen« – eine moderne Form des Paternalismus. Der neue, umsorgende Staat interessiert sich nicht nur dafür, was wir tun, sondern möchte auch sicherstellen, dass wir das Richtige tun. Das Zauberwort ist »Big Nudging«, die Kombination von Big Data und Nudging. Es erscheint manchem wie ein digitales Szepter, mit dem man effizient durchregieren kann, ohne die Bürger in demokratische Verfahren einbeziehen zu müssen. Lassen sich auf diese Weise Partikularinteressen überwinden und der Lauf der Welt optimieren? Wenn ja, dann könnte man regieren wie ein weiser König, der mit einer Art digitalem Zauberstab die gewünschten wirtschaftlichen und gesellschaftlichen Ergebnisse quasi herbeizaubert.

Vorprogrammierte Katastrophen
Doch ein Blick in die relevante wissenschaftliche Literatur zeigt, dass eine gezielte Kontrolle von Meinungen im Sinne ihrer »Optimierung« an der Komplexität des Problems scheitert. Die Meinungsbildungsdynamik ist voll von Überraschungen. Niemand weiß, wie der digitale Zauberstab, sprich die manipulative Nudging-Technik, richtig zu verwenden ist. Was richtig und was falsch ist, stellt sich oft erst hinterher heraus. So wollte man während der Schweinegrippeepidemie 2009 jeden zur Impfung bewegen. Inzwischen ist aber bekannt, dass ein bestimmter Prozentsatz der Geimpften von einer ungewöhnlichen Krankheit, der Narkolepsie, befallen wurde. Glücklicherweise haben sich nicht mehr Menschen impfen lassen!

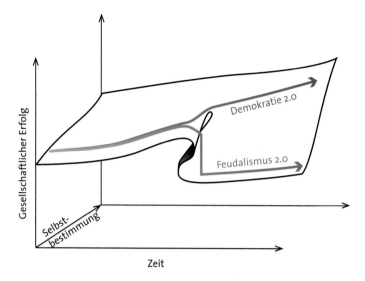

Abb. 2 Wir stehen an einem Scheideweg: Würden die immer mächtiger werdenden Algorithmen unsere Selbstbestimmung einschränken und von wenigen Entscheidungsträgern kontrolliert, so fielen wir in eine Art Feudalismus 2.0 zurück, da wichtige gesellschaftliche Errungenschaften verloren gingen. Aber wir haben jetzt die Chance, mit den richtigen Weichenstellungen den Weg zu einer Demokratie 2.0 einzuschlagen, von der wir alle profitieren werden

Auch mag der Versuch, Krankenversicherte mit Fitnessarmbändern zu verstärkter Bewegung anzuregen, die Anzahl der Herz-Kreislauf-Erkrankungen reduzieren. Am Ende könnte es dafür aber mehr Hüftoperationen geben. In einem komplexen System wie der Gesellschaft führt eine Verbesserung in einem Bereich fast zwangsläufig zur Verschlechterung in einem anderen. So können sich großflächige Eingriffe leicht als schwer wiegende Fehler erweisen.

Unabhängig davon würden Kriminelle, Terroristen oder Extremisten den digitalen Zauberstab früher oder später unter ihre Kontrolle bringen – vielleicht sogar, ohne dass es uns auffällt. Denn: Fast alle Unternehmen und Einrichtungen wurden schon gehackt, selbst das Pentagon, das Weiße Haus und der Bundestag.

Hinzu kommt ein weiteres Problem, wenn ausreichende Transparenz und demokratische Kontrolle fehlen: die Aushöhlung des Systems von innen. Denn Suchalgorithmen und Empfehlungssysteme lassen sich beeinflussen. Unternehmen können bestimmte Wortkombinationen ersteigern, die in den Ergebnislisten bevorzugt angezeigt werden. Regierungen haben wahrscheinlich Zugriff auf eigene Steuerungsparameter. Bei Wahlen wäre es daher im Prinzip möglich, sich durch Nudging Stimmen von Unentschlossenen zu sichern – eine nur schwer nachweisbare Manipulation. Wer auch immer diese Technologie kontrolliert, kann also Wahlen für sich entscheiden und sich sozusagen an die Macht nudgen.

Verschärft wird dieses Problem durch die Tatsache, dass in Europa eine einzige Suchmaschine einen Marktanteil von rund 90 Prozent besitzt. Sie könnte die Öffentlichkeit maßgeblich beeinflussen, womit Europa vom Silicon Valley aus quasi ferngesteuert würde. Auch wenn das Urteil des Europäischen Gerichtshofs vom 6. Oktober 2015 nun den ungezügelten Export europäischer Daten einschränkt, ist das zu Grunde liegende Problem noch keineswegs gelöst, sondern erst einmal nur geografisch verschoben.

Mit welchen unerwünschten Nebenwirkungen ist zu rechnen? Damit Manipulation nicht auffällt, braucht es einen so genannten Resonanzeffekt, also Vorschläge, die ausreichend kompatibel zum jeweiligen Individuum sind. Damit werden lokale Trends durch Wiederholung allmählich verstärkt, bis hin zum »Echokammereffekt«: Am Ende bekommt man nur noch seine eigenen Meinungen widergespiegelt. Das bewirkt eine gesellschaftliche Polarisierung, also die Entstehung separater Gruppen, die sich gegenseitig nicht mehr verstehen und vermehrt miteinander in Konflikt geraten. So kann personalisierte Information den gesellschaftlichen Zusammenhalt unabsichtlich zerstören.

Das lässt sich derzeit etwa in der amerikanischen Politik beobachten, wo Demokraten und Republikaner zusehends auseinanderdriften, so dass politische Kompromisse kaum noch möglich sind. Die Folge ist eine Fragmentierung, vielleicht sogar eine Zersetzung der Gesellschaft.

Einen Meinungsumschwung auf gesamtgesellschaftlicher Ebene kann man wegen des Resonanzeffekts nur langsam und allmählich erzeugen. Die Auswirkungen treten mit zeitlicher Verzögerung ein, lassen sich dann aber auch nicht mehr einfach rückgängig machen. So können zum Beispiel Ressentiments gegen Minderheiten oder Migranten leicht außer Kontrolle geraten; zu viel Nationalgefühl kann Diskriminierung, Extremismus und Konflikte verursachen.

Noch schwerer wiegt der Umstand, dass manipulative Methoden die Art und Weise verändern, wie wir unsere Entscheidungen treffen. Sie setzen nämlich die sonst bedeutsamen kulturellen und sozialen Signale außer Kraft – zumindest vorübergehend.

Zusammengefasst könnte der großflächige Einsatz manipulativer Methoden also schwer wiegende gesellschaftliche Schäden verursachen, einschließlich der ohnehin schon verbreiteten Verrohung der Verhaltensweisen in der digitalen Welt. Wer soll dafür die Verantwortung tragen?

Rechtliche Probleme

Dies wirft rechtliche Fragen auf, die man angesichts der Milliardenklagen gegen Tabakkonzerne, Banken, IT- und Automobilunternehmen in den vergangenen Jahren nicht vernachlässigen sollte. Doch welche Gesetze werden überhaupt tangiert? Zunächst einmal ist klar, dass manipulative Technologien die Entscheidungsfreiheit einschränken. Würde die Fernsteuerung unseres Verhaltens perfekt funktionieren, wären wir im Grunde digitale Sklaven, denn wir würden nur noch fremde Entscheidungen ausführen. Bisher funktionieren manipulative Technologien natürlich nur zum Teil. Jedoch verschwindet unsere Freiheit langsam, aber sicher – langsam genug, dass der Widerstand der Bürger bisher noch gering war.

Die Einsichten des großen Aufklärers Immanuel Kant scheinen jedoch hochaktuell zu sein. Unter anderem stellte er fest, dass ein Staat, der das Glück seiner Bürger zu bestimmen versucht, ein Despot ist. Das Recht auf individuelle Selbstentfaltung kann nur wahrnehmen, wer die Kontrolle über sein Leben hat. Dies setzt jedoch informationelle Selbstbestimmung voraus. Es geht hier um nicht weniger als unsere wichtigsten verfassungsmäßig garantierten Rechte. Ohne deren Einhaltung kann eine Demokratie nicht funktionieren. Ihre Einschränkung unterminiert unsere Verfassung, unsere Gesellschaft und den Staat.

Da manipulative Technologien wie Big Nudging ähnlich wie personalisierte Werbung vorgehen, sind noch weitere Gesetze tangiert. Werbung muss als solche gekennzeichnet werden und darf nicht irreführend sein. Auch sind nicht alle psychologischen Tricks wie etwa unterschwellige Reize erlaubt. So ist es untersagt, ein Erfrischungsgetränk im Kinofilm für eine Zehntelsekunde einzublenden, weil die Werbung dann nicht bewusst wahrnehmbar ist, während sie unterbewusst vielleicht eine Wirkung entfaltet. Das heute gängige Sammeln und Verwerten persönlicher Daten lässt sich außerdem nicht mit dem geltenden Datenschutzrecht in den europäischen Ländern vereinen.

Schließlich steht auch die Rechtmäßigkeit personalisierter Preise in Frage, denn es könnte sich dabei um einen Missbrauch von Insiderinformationen handeln. Hinzu kommen mögliche Verstöße gegen den Gleichbehandlungsgrundsatz, das Diskriminierungsverbot und das Wettbewerbsrecht, da freier Marktzugang und Preistransparenz nicht mehr gewährleistet sind. Die Situation ist vergleichbar mit Unternehmen, die ihre Produkte in anderen Ländern billiger verkaufen, jedoch den Erwerb über diese Länder zu verhindern versuchen. In solchen Fällen gab es bisher empfindliche Strafzahlungen.

Mit klassischer Werbung oder Rabattmarken sind personalisierte Werbung und Preise nicht vergleichbar, denn erstere sind unspezifisch und dringen auch bei Weitem nicht so sehr in unsere Privatsphäre ein, um unsere psychologischen Schwächen auszunutzen und unsere kritische Urteilskraft auszuschalten.

Außerdem gelten in der akademischen Welt selbst harmlose Entscheidungsexperimente als Versuche am Menschen und bedürfen der Beurteilung durch eine Ethikkommission, die der Öffentlichkeit Rechenschaft schuldet. Die betroffenen Personen müssen in jedem einzelnen Fall ihre informierte Zustimmung geben. Absolut unzureichend ist dagegen ein Klick zur Bestätigung, dass man einer 100-seitigen Nutzungsbedingung pauschal zustimmt, wie es bei vielen Informationsplattformen heutzutage der Fall ist.

Dennoch experimentieren manipulative Technologien wie Nudging mit Millionen von Menschen, ohne sie darüber in Kenntnis zu setzen, ohne Transparenz und ohne ethische Schranken. Selbst große soziale Netzwerke wie Facebook oder Online-Dating-Plattformen wie OK Cupid haben sich bereits öffentlich zu solchen sozialen Experimenten bekannt. Wenn man unverantwortliche Forschung an Mensch und Gesellschaft vermeiden möchte (man denke etwa an die Beteiligung von Psychologen an den Folterskandalen der jüngsten Vergangenheit), dann benötigen wir dringend hohe Standards, insbesondere wissenschaftliche Qualitätskriterien und einen ethischen Kodex analog zum hippokratischen Eid.

**Wurden unser Denken, unsere Freiheit,
unsere Demokratie gehackt?**

Angenommen, es gäbe eine superintelligente Maschine, die quasi gottgleiches Wissen und übermenschliche Fähigkeiten hätte – würden wir dann ehrfürchtig ihren Anweisungen folgen? Das erscheint durchaus möglich. Aber wenn wir das täten, dann hätten sich die Befürchtungen von Elon Musk, Bill Gates, Steve Wozniak, Stephen Hawking und anderen bewahrheitet: Computer hätten die Kontrolle über die Welt übernommen. Es muss uns klar sein, dass auch eine Superintelligenz irren, lügen, egoistische Interessen verfolgen oder selbst manipuliert werden kann. Vor allem könnte sie sich nicht mit der verteilten, kollektiven Intelligenz der Bevölkerung messen.

Das Denken aller Bürger durch einen Computercluster zu ersetzen wäre absurd, denn das würde die Qualität der erreichbaren Lösungen dramatisch verschlechtern. Schon jetzt ist klar, dass sich die Probleme in der Welt trotz Datenflut und Verwendung personalisierter Informationssysteme nicht verringert haben – im Gegenteil! Der Weltfrieden ist brüchig. Die langfristige Veränderung des Klimas könnte zum größten Verlust von Arten seit dem Aussterben der Dinosaurier führen. Die Auswirkungen der Finanzkrise auf Wirtschaft und Gesellschaft sind sieben Jahre nach ihrem Beginn noch lange nicht bewältigt. Cyberkriminalität richtet einen jährlichen Schaden von 3 Billionen Dollar an. Staaten und Terroristen rüsten zum Cyberkrieg.

In einer sich schnell verändernden Welt kann auch eine Superintelligenz nie perfekt entscheiden – die Datenmengen wachsen schneller als die Prozessierbarkeit, und die Übertragungsraten sind begrenzt. So werden lokales Wissen und Fakten außer Acht gelassen, die jedoch von Bedeutung sind, um gute Lösungen zu erzielen. Verteilte, lokale Steuerungsverfahren sind zentralen Ansätzen oft überlegen, vor allem in komplexen Systemen, deren Verhalten stark variabel, kaum voraussagbar und nicht in Echtzeit optimierbar ist. Das gilt schon für die Ampelsteuerung in Städten, aber noch viel mehr für die sozialen und ökonomischen Systeme unserer stark vernetzten, globalisierten Welt.

Weiterhin besteht die Gefahr, dass die Manipulation von Entscheidungen durch mächtige Algorithmen die Grundvoraussetzung der »kollektiven Intelligenz« untergräbt, die sich an die Herausforderungen unserer komplexen Welt flexibel anpassen kann. Damit kollektive Intelligenz funktioniert, müssen Informationssuche und Entscheidungsfindung der Einzelnen voneinander unabhängig erfolgen. Wenn unsere Urteile und Entscheidungen jedoch durch Algorithmen vorgegeben werden, führt das im wahrsten Sinne des Wortes zur Volksverdummung. Vernunftbegabte Wesen werden zu Befehlsempfängern degradiert, die reflexhaft auf Stimuli reagieren. Das reduziert die Kreativität, weil man weniger »out of the box« denkt. Anders gesagt: Personalisierte Information baut eine »Filter Bubble« um uns herum, eine Art digitales Gedankengefängnis. In letzter Konsequenz würde eine zentrale, technokratische Verhaltens- und Gesellschaftssteuerung durch ein superintelligentes Informationssystem eine neue Form der Diktatur bedeuten. Die von oben gesteuerte Gesellschaft, die unter dem Banner des »sanften Paternalismus« daherkommt, ist deshalb im Prinzip nichts anderes als ein totalitäres Regime mit rosarotem Anstrich.

In der Tat zielt »Big Nudging« auf die Gleichschaltung vieler individueller Handlungen und auf eine Manipulation von Sichtweisen und Entscheidungen ab. Dies rückt es in die Nähe der gezielten Entmündigung des Bürgers durch staatlich geplante Verhaltenssteuerung. Wir befürchten, dass die Auswirkungen langfristig fatal sein könnten, insbesondere wenn man die oben erwähnte, teils kulturzerstörende Wirkung bedenkt.

Eine bessere digitale Gesellschaft ist möglich
Trotz des harten globalen Wettbewerbs tun Demokratien gut daran, ihre in Jahrhunderten erarbeiteten Errungenschaften nicht über Bord zu werfen. Gegenüber anderen politischen Regimes haben die westlichen Demokratien den Vorteil, dass sie mit Pluralismus und Diversität bereits umzugehen gelernt haben. Jetzt müssen sie nur noch stärker davon profitieren lernen.

In Zukunft werden jene Länder führend sein, die eine gute Balance von Wirtschaft, Staat und Bürgern erreichen. Dies erfordert vernetztes Denken und den Aufbau eines Informations-, Innovations-, Produkte- und Service-»Ökosystems«. Hierfür ist es nicht nur wichtig, Beteiligungsmöglichkeiten zu schaffen, sondern auch Vielfalt zu fördern. Denn es gibt keine Methode, um zu ermitteln, was die beste Zielfunktion ist: Soll man das Bruttosozialprodukt optimieren oder Nachhaltigkeit? Macht oder Frieden? Lebensdauer oder Zufriedenheit? Oft weiß man erst hinterher, was vorteilhaft gewesen wäre. Indem sie verschiedene Ziele zulässt, ist eine pluralistische Gesellschaft besser in der Lage, mit verschiedenen Herausforderungen zurechtzukommen.

Zentralisierte Top-down-Kontrolle ist eine Lösung der Vergangenheit, die sich nur für Systeme geringer Komplexität eignet. Deshalb sind föderale Systeme und Mehrheitsentscheidungen die Lösungen der Gegenwart. Mit der wirtschaftlichen und kulturellen Entwicklung nimmt die gesellschaftliche Komplexität jedoch weiter zu. Die Lösung der Zukunft lautet kollektive Intelligenz: Citizen Science, Crowd Sourcing und Online-Diskussionsplattformen sind daher eminent wichtige neue Ansätze, um mehr Wissen, Ideen und Ressourcen nutzbar zu machen.

Kollektive Intelligenz benötigt einen hohen Grad an Diversität. Diese wird jedoch durch heutige personalisierte Informationssysteme zu Gunsten der Verstärkung von Trends reduziert. Soziodiversität ist genauso wichtig wie Biodiversität. Auf ihr beruhen nicht nur kollektive Intelligenz und Innovation, sondern auch gesellschaftliche Resilienz – also die Fähigkeit, mit unerwarteten Schocks zurechtzukommen. Die Verringerung der Soziodiversität reduziert oft auch die Funktions- und Leistungsfähigkeit von Wirtschaft und Gesellschaft. Dies ist der Grund, warum totalitäre Regimes oft in Konflikte mit ihren Nachbarn geraten.

Typische Langzeitfolgen sind politische Instabilitäten und Kriege, wie sie in unserer Geschichte immer wieder auftraten. Pluralität und Partizipation sind also nicht in erster Linie als Zugeständnisse an die Bürger zu sehen, sondern als maßgebliche Funktionsvoraussetzungen leistungsfähiger, komplexer, moderner Gesellschaften.

Zusammenfassend kann man sagen: Wir stehen an einem Scheideweg. Big Data, künstliche Intelligenz, Kybernetik und Verhaltensökonomie werden unsere Gesellschaft prägen – im Guten wie im Schlechten. Sind solche weit verbreiteten Technologien nicht mit unseren gesellschaftlichen

Grundwerten kompatibel, werden sie früher oder später großflächigen Schaden anrichten. So könnten sie zu einer Automatisierung der Gesellschaft mit totalitären Zügen führen. Im schlimmsten Fall droht eine zentrale künstliche Intelligenz zu steuern, was wir wissen, denken und wie wir handeln. Jetzt ist daher der historische Moment, den richtigen Weg einzuschlagen und von den Chancen zu profitieren, die sich dabei bieten.

Wir fordern deshalb die Einhaltung folgender Grundprinzipien:

1. Die Funktion von Informationssystemen stärker zu dezentralisieren,
2. informationelle Selbstbestimmung und Partizipation zu unterstützen,
3. Transparenz für eine erhöhte Vertrauenswürdigkeit zu verbessern,
4. Informationsverzerrungen und -verschmutzung zu reduzieren,
5. von den Nutzern gesteuerte Informationsfilter zu ermöglichen,
6. gesellschaftliche und ökonomische Vielfalt zu fördern,
7. die Fähigkeit technischer Systeme zur Zusammenarbeit zu verbessern,
8. digitale Assistenten und Koordinationswerkzeuge zu kreieren,
9. kollektive Intelligenz zu unterstützen, und
10. die Mündigkeit der Bürger in der digitalen Welt zu fördern – eine »digitale Aufklärung«.

Mit dieser Agenda würden wir alle von den Früchten der digitalen Revolution profitieren: Wirtschaft, Staat und Bürger gleichermaßen. Worauf warten wir noch?

Quellen

- **Frey, B. S., Gallus, J.:** Beneficial and Exploitative Nudges. In: Economic Analysis of Law in European Legal Scholarship. Springer, Heidelberg 2015
  Online unter: www.bsfrey.ch/articles/C_591_2015.pdf
- **Helbing, D.:** The Automation of Society Is Next. How to Survive the Digital Revolution. CreateSpace, 2015
- **Koops, B.-J. et al.:** Responsible Innovation 2. Concepts, Approaches, and Applications. Springer, Heidelberg 2015
- **van den Hoven, J. et al. (Hg.):** Handbook of Ethics, Values and Technological Design. Springer, Heidelberg 2015
- **Volodymyr, M. et al.:** Human-Level Control through Deep Reinforcement Learning. In: Nature 518, S. 529–533, 2015
- **Zwitter, A.:** Big Data Ethics. In: Big Data & Society 1(2) 10.1177/2053951714559253, 2014

Literaturtipps

- **Gigerenzer, G.:** Risiko: Wie man die richtigen Entscheidungen trifft. Bertelsmann, München 2013.
  Der Max-Planck-Forscher, Koautor des Artikels, über den richtigen Umgang mit Risikofaktoren.
- **Hofstetter, Y.:** Sie wissen alles: Wie intelligente Maschinen in unser Leben eindringen und warum wir für unsere Freiheit kämpfen müssen. Bertelsmann, München 2014.
  Die Koautorin des Artikels und KI-Expertin klärt über die Gefahren von Big Data auf.
- **Schlieter, K.:** Die Herrschaftsformel. Wie Künstliche Intelligenz uns berechnet, steuert und unser Leben verändert. Westend, Frankfurt 2015.
  Wie wir uns mit digitalen Daten der Manipulation ausliefern.

Eine Strategie für das digitale Zeitalter

Dirk Helbing, Bruno S. Frey, Gerd Gigerenzer,
Ernst Hafen, Michael Hagner,
Yvonne Hofstetter, Jeroen van den Hoven,
Roberto V. Zicari, Andrej Zwitter

Die Digitalisierung schreitet ungebremst voran, gefährdet aber auch unsere Demokratie, wenn wir sie nicht zügeln. Was müssen wir tun?

Big Data und künstliche Intelligenz sind zweifellos der Schlüssel zu wichtigen Innovationen. Sie haben ein enormes Potenzial, wirtschaftliche Wertschöpfung und gesellschaftlichen Fortschritt zu katalysieren, von der personalisierten Gesundheitsvorsorge bis zu nachhaltigen Städten. Aber es ist völlig inakzeptabel, diese Technologien zum Entmündigen des Bürgers zu nutzen. Big Nudging und Citizen Scores missbrauchen zentral gesammelte persönliche Daten für eine Verhaltenskontrolle, die totalitäre Züge trägt. Dies ist nicht nur unvereinbar mit Menschenrechten und demokratischen Prinzipien, sondern auch ungeeignet, eine moderne, innovative Gesellschaft zu managen. Um die eigentlichen Probleme zu lösen, sind vielmehr bessere Informationen und Risikokompetenz gefragt. Forschungsbereiche zu verantwortungsvoller

© Springer-Verlag GmbH Deutschland 2017
C. Könneker (Hrsg.), *Unsere digitale Zukunft*, DOI 10.1007/978-3-662-53836-4_2

Innovation und die Initiative »Data for Humanity« geben Orientierung, wie sich Big Data und künstliche Intelligenz zum Wohl der Gesellschaft nutzen lassen.

Was können wir jetzt konkret tun? Zunächst gilt es, auch in Zeiten der digitalen Revolution die Grundrechte der Bürger zu schützen, die eine fundamentale Funktionsvoraussetzung für ein modernes, demokratisches Gemeinwesen sind. Dafür braucht es einen neuen Gesellschaftsvertrag auf der Basis von Vertrauen und Kooperation, der Bürger und Kunden nicht als Hindernisse oder zu vermarktende Ressourcen sieht, sondern als Partner. Der Staat müsste einen geeigneten Regulierungsrahmen schaffen, der die Kompatibilität von Technologien mit Demokratie garantiert. Dieser muss die informationelle Selbstbestimmung nicht nur theoretisch, sondern auch praktisch sicherstellen, denn sie ist die Voraussetzung dafür, dass wir unser Leben selbstverantwortlich gestalten können.

Für persönliche Daten, die über uns gesammelt werden, sollte es ein Recht auf Kopie geben. Es sollte gesetzlich geregelt sein, dass diese Kopie in einem standardisierten Format automatisch an eine persönliche Datenmailbox gesandt wird, über die jeder Einzelne die Verwendung der Daten steuern kann. Für einen besseren Schutz der Privatsphäre und um Diskriminierung zu vermeiden, wäre eine unautorisierte Verwendung der Daten unter Strafe zu stellen. So könnte man selbst entscheiden, wer welche Informationen für welchen Zweck wie lange nutzen darf. Überdies wären geeignete Maßnahmen zu treffen, damit die Daten sicher gespeichert und ausgetauscht werden können.

Erhöhte Qualität der Informationen
Mit ausgefeilteren und unterschiedliche Kriterien berücksichtigenden Reputationssystemen ließe sich die Qualität der In-

formationen erhöhen, auf deren Basis wir unsere Entscheidungen treffen. Wären Such- und Empfehlungsalgorithmen nicht vom Anbieter vorgegeben, sondern vom Nutzer auswählbar und konfigurierbar, wären wir weniger durch verzerrte Informationen manipulierbar. Ergänzend braucht es effiziente Beschwerdeverfahren für Bürger und wirksame Sanktionen bei Regelverletzungen. Um schließlich ausreichend Transparenz und Vertrauen zu schaffen, sollten führende wissenschaftliche Institutionen als Treuhänderinnen von Daten und Algorithmen walten, die sich momentan der demokratischen Kontrolle entziehen. Dies erfordert auch einen geeigneten Ehrenkodex, den zumindest all jene anerkennen müssten, die Zugang zu sensiblen Daten und Algorithmen erhalten – eine Art hippokratischer Eid für IT-Experten.

Darüber hinaus ist eine digitale Agenda erforderlich, welche die Grundlage für neue Jobs und die künftige digitale Gesellschaft legt. Jedes Jahr investieren wir Milliarden in die Agrarwirtschaft sowie in öffentliche Infrastruktur, Schulen und Universitäten – zu Gunsten der Industrie und des Dienstleistungssektors.

Welche öffentlichen Systeme benötigen wir also, damit die digitale Gesellschaft ein Erfolg wird? Erstens sind völlig neue Bildungskonzepte gefragt. Diese sollten stärker auf kritisches Denken, Kreativität, Erfinder- und Unternehmergeist ausgerichtet sein als auf standardisierte Arbeitnehmer, deren Aufgaben in Zukunft von Robotern und Computeralgorithmen übernommen werden können. Die Ausbildung sollte auch den verantwortungsvollen und kritischen Umgang mit digitalen Technologien vermitteln. Denn der Bürger muss sich bewusst sein, wie sehr die digitale mit der physischen Welt verzahnt ist. Um seine Rechte effektiv und verantwortungsvoll wahrnehmen zu können, muss der Bürger ein Verständnis von ihnen haben, aber auch davon, welche Nutzungen illegitim sind. Umso mehr müssen Wissenschaft, Wirtschaft, Politik und Bildungseinrichtungen der Gesellschaft dieses Wissen zur Verfügung stellen.

Zweitens braucht es eine partizipative Plattform, die es erleichtert, sich selbstständig zu machen, eigene Projekte aufzusetzen, Kooperationspartner zu finden, Produkte und Services weltweit zu vermarkten, Ressourcen zu verwalten sowie Steuern und Sozialversicherungsbeiträge abzuführen. Ergänzend könnten Städte und Gemeinden Zentren für die aufkommenden digitalen Bastlercommunities (etwa so genannte Fablabs) einrichten, wo Ideen gemeinsam entwickelt und kostenlos ausprobiert werden können. Dank des sich dort verbreitenden Open-Innovation-Ansatzes ließe sich massive, kooperative Innovation fördern.

Darüber hinaus könnten Wettbewerbe zusätzliche Anreize für Innovationen liefern, die öffentliche Sichtbarkeit erhöhen und eine Aufbruchstimmung in Richtung einer digitalen Mitmachgesellschaft erzeugen. Sie würden insbesondere die Zivilgesellschaft mobilisieren, damit sie lokale Beiträge zur Lösung globaler Probleme leistet (zum Beispiel über »Climate Olympics«). Beispielsweise könnten Plattformen zur Koordination knapper Ressourcen das riesige Potenzial der Sharing Economy freisetzen helfen, welches derzeit noch weitgehend unerschlossen ist.

Mit einer Open-Data-Strategie können Staat und Unternehmen zunehmend Daten für die Wissenschaft und jedermann öffnen und damit die Voraussetzungen für ein leistungsfähiges Informations- und Innovationsökosystem schaffen, das mit den Herausforderungen unserer Welt Schritt hält. Dies ließe sich mit Steuererleichterungen fördern, wie sie bei der Nutzung umweltfreundlicher Technologien gewährt wurden.

Drittens könnte der Bau eines von den Bürgern betriebenen »digitalen Nervensystems« die neuen Möglichkeiten des

Internets der Dinge erschließen und über Echtzeitmessungen Daten für jeden bereitstellen. Wenn wir etwa Ressourcen nachhaltiger nutzen und die Klimaveränderung bremsen wollen, müssen wir die positiven und negativen Nebenwirkungen unserer Interaktionen mit anderen und mit unserer Umwelt messen. Anhand geeigneter Feedbackschleifen ließen sich Systeme dann so beeinflussen, dass sie die jeweils gewünschten Ergebnisse mittels Selbstorganisation erreichen.

Hierfür benötigen wir jedoch vielfältige Anreiz- und Austauschsysteme, die für alle ökonomischen, politischen und sozialen Innovatoren nutzbar sind. Diese könnten völlig neue Märkte schaffen und damit auch die Basis für neuen Wohlstand. Die Erschließung der nahezu unbegrenzten Möglichkeiten der digitalen Ökonomie würde durch ein pluralistisches Finanzsystem (zum Beispiel individuelle Währungen) und neue Regelungen zur Vergütung von Erfindungen enorm gefördert.

Um die Komplexität und Diversität unserer zukünftigen Welt besser zu bewältigen und in einen Vorteil zu verwandeln, werden wir persönliche digitale Assistenten benötigen. Diese digitalen Assistenten werden auch von Entwicklungen im Bereich der künstlichen Intelligenz profitieren. In Zukunft ist damit zu rechnen, dass zahlreiche Netzwerke von menschlicher und künstlicher Intelligenz je nach Bedarf flexibel zusammengeschaltet und neu konfiguriert werden. Damit wir die Kontrolle über unser Leben behalten, sollten diese Netzwerke dezentral gesteuert werden. Man müsste sich außerdem selbstbestimmt ein- und ausloggen können.

Demokratische Plattformen

Eine »Wikipedia der Kulturen« könnte schließlich dabei helfen, verschiedene Aktivitäten in einer hochdiversen Welt zu koordinieren und miteinander kompatibel zu machen. Sie würde die meist nur implizit erlernten Erfolgsprinzipien der verschiedenen Kulturen der Welt explizit machen, so dass sie sich auf neue Weise miteinander kombinieren lassen. Ein derartiges »Cultural Genome Project« wäre auch eine Art Friedensprojekt, denn es würde das öffentliche Bewusstsein für den Wert soziokultureller Diversität schärfen. Globale Unternehmen wissen schon lange, dass kulturell diverse und interdisziplinäre Teams erfolgreicher sind als homogene. Vielerorts fehlt aber noch der Rahmen, um das Wissen und die Ideen vieler effizient zusammenzuführen und dadurch kollektive Intelligenz zu schaffen. Dafür würden sich unter anderem spezielle Diskussionsplattformen eignen. Diese könnten auch die Voraussetzungen dafür schaffen, eine Demokratie 2.0 mit mehr Beteiligungsmöglichkeiten für Bürger zu realisieren – denn viele Probleme, vor denen die Welt heutzutage steht, werden sich nur mit Beiträgen der Zivilgesellschaft bewältigen lassen.

Signale aus der jüngsten Vergangenheit – vom Urteil des Europäischen Gerichtshof zu »Safe Harbour« und Datenschutz über die verstärkte Gewichtung der Privatsphäre durch manche Internetfirmen bis zu verschiedenen aktuellen Beiträgen im Wissenschaftsjournal *Nature* und Veranstaltungen wie dem Dritten Innovationsdialog der Bundesregierung über Innovationspotenziale der Mensch-Maschine-Interaktion vom 10.11.2015 – machen Mut. Sie lassen hoffen, dass wir nun auf dem richtigen Weg sind. Wir sollten ihn entschlossen weitergehen!

Die Bürgerinnen und Bürger müssen mitbestimmen dürfen

Bruno S. Frey

Damit alle verantwortungsvoll mit Technik umgehen, muss auch jeder ein Stück weit mit entscheiden dürfen.

Wie lässt sich verantwortungsvolle Innovation effektiv fördern? Appelle an die Menschen bewirken wenig, wenn man die Institutionen oder Grundregeln des menschlichen Zusammenlebens nicht so gestaltet, dass die Menschen Anreize und Möglichkeiten haben, diesen Forderungen nachzukommen.

Zwei Arten von derartigen Institutionen bieten sich an. Am wichtigsten ist eine Dezentralisierung der Gesellschaft (entsprechend dem »Subsidiaritätsprinzip«). Dabei sind drei Dimensionen wichtig. Die räumliche Dezentralisation besteht in einem lebendigen Föderalismus. Den Provinzen oder Bundesländern sowie den Gemeinden muss genügend Autonomie eingeräumt werden, also ein hohes Ausmaß an Steuer- und Ausgabenhoheit.

© Springer-Verlag GmbH Deutschland 2017
C. Könneker (Hrsg.), *Unsere digitale Zukunft*, DOI 10.1007/978-3-662-53836-4_3

Eine funktionale Dezentralisierung gemäß staatlichen Aus-
gabengebieten (also beispielsweise Ausbildung, Gesundheit,
Umwelt, Wasserversorgung, Verkehr, Kultur et cetera), wie sie
im Konzept der FOCJ (Functional, Overlapping, Competing
Jurisdictions) vorgeschlagen wird, ist ebenso erwünscht.

Als Drittes sollte die Dezentralisierung politisch sein. Die
Macht zwischen Exekutive, Legislative und Jurisdiktion muss
geteilt und austariert werden. Öffentliche Medien und Wissenschaft sollten weitere Säulen der Gesellschaft sein. Diese
Ansätze bleiben auch in der digitalen Gesellschaft der Zukunft
weiterhin wichtig.

Darüber hinaus müssen den Bürgerinnen und Bürgern direkte Mitbestimmungsmöglichkeiten in Form von Sachab-
stimmungen eingeräumt werden. Dabei werden in einem Diskurs alle relevanten Argumente auf den Tisch gebracht und
geordnet. Die verschiedenen Lösungsmöglichkeiten werden
miteinander verglichen, auf die vielversprechendsten reduziert
und in einem Moderationsprozess so weit wie möglich integriert. Darüber muss dann eine Sachabstimmung stattfinden,
um unter den besten Lösungen jene zu identifizieren, die lokal
am passfähigsten ist (im Sinne der Diversität).

Diese Prozesse sind inzwischen durch Online-Delibera-
tions-Tools effizienter zu bewältigen. Dadurch können mehr
Ideen und mehr Wissen einfließen. Das ermöglicht »kollektive Intelligenz« und bessere Lösungen. Als weiterer
Ansatz zur Durchsetzung der zehn Forderungen seien neue,
unorthodoxe Institutionen genannt. So könnte zum Beispiel
vorgeschrieben werden, dass in jedem offiziellen Gremium
ein Advocatus Diaboli Einsitz nimmt. Dieser Querdenker
hat die Aufgabe, zu jeder Beschlussvorlage Gegenargumente
und Alternativen anzuführen. Damit wird die Tendenz zum
Denken entlang der »Political Correctness« eingeschränkt,

und es werden auch unkonventionelle Lösungsansätze berücksichtigt.

Eine andere unorthodoxe Regel wäre die Einführung von Zufallsentscheidungen unter solchen Alternativen, die im Diskurs als sinnvoll erachtet wurden. Dies erhöht die Chance, dass gelegentlich ungewöhnliche Lösungen ausprobiert werden.

Technik braucht Menschen, die sie beherrschen

Gerd Gigerenzer

Anstatt uns von intelligenter Technik das Denken immer mehr abnehmen zu lassen, sollten wir lernen, sie besser zu kontrollieren. Am besten von klein auf.

Tausende Apps, das Internet der Dinge, die totale Vernetzung – die Möglichkeiten der digitalen Revolution sind beeindruckend. Nur eines wird leicht vergessen: Innovative Technik braucht kompetente Menschen, die sie beherrschen, statt von ihr beherrscht zu werden.

Dazu drei Beispiele:

Einer meiner Doktoranden sitzt vor dem Computer und schreibt scheinbar konzentriert an seiner Dissertation. Sein E-Mail-Programm ist dabei jedoch geöffnet – immer. Er wartet nur darauf, unterbrochen zu werden. Liest man am Ende des Tages den Text, erkennt man im Textfluss unschwer, wie oft er unterbrochen wurde.

© Springer-Verlag GmbH Deutschland 2017
C. Könneker (Hrsg.), *Unsere digitale Zukunft*, DOI 10.1007/978-3-662-53836-4_4

Eine amerikanische Schülerin sitzt am Steuer ihres Autos und sendet Textnachrichten: »Wenn ein Text reinkommt, muss ich nachsehen. Egal was ist. Zum Glück zeigt mir mein Handy den Text vorne in einem Pop-up-Fenster [...] Daher brauche ich beim Fahren nicht zu lange wegzugucken.« Wenn sie bei Tempo 80 auch nur zwei Sekunden lang auf das Handy schaut, legt sie 44 Meter im »Blindflug« zurück. Die junge Frau riskiert einen Autounfall – das Smartphone hat die Kontrolle über sie. Genauso wie über die 20 bis 30 Prozent der Deutschen, die am Steuer Textbotschaften lesen oder gar eintippen.

Bei der indischen Parlamentswahl im Jahr 2014, der weltweit größten demokratischen Wahl mit über 800 Millionen Wahlberechtigten, gab es drei Spitzenkandidaten: N. Modi, A. Kejriwal und R. Ghandi. In einer Studie konnten sich unentschiedene indische Wähler mittels einer Web-Suchmaschine über die Kandidaten informieren. Die Teilnehmer wussten allerdings nicht, dass die Webseiten manipuliert waren: Für eine Gruppe wurden mehr positive Einträge über Modi auf der ersten Seite platziert und die negativen Nachrichten nach hinten geschoben. Die anderen Gruppen bekamen auf ähnliche Art und Weise Informationen zu den anderen beiden Kandidaten präsentiert. Im Internet sind vergleichbare Eingriffe gang und gäbe. Man schätzt, dass derartige Manipulationen dem auf der ersten Seite platzierten Kandidaten 20 Prozentpunkte mehr Stimmen bei den unentschiedenen Wählern bringen.

In jedem dieser drei Fälle wird das Verhalten der Menschen von digitaler Technologie kontrolliert. Kontrolle zu verlieren, ist an sich nichts Neues, aber die digitale Revolution schafft neue Möglichkeiten.

Was können wir tun? Dazu gibt es drei konkurrierende Visionen. Da ist zuerst einmal der Techno-Paternalismus, der (mangelnde) menschliche Urteilskraft durch Algorithmen ersetzen will: Der abgelenkte Studierende könnte ein KI-Programm einsetzen, das Masterarbeiten und Dissertationen verfasst, er selbst müsste nur noch Thema und Eckdaten eingeben. Eine solche Algorithmisierung würde auch das Problem mit den leidigen Plagiatsfällen lösen, da die dann ja der Normalfall wären.

Noch ist diese Lösung Fiktion, aber in vielen Bereichen wird menschliche Urteilskraft bereits weitgehend durch Programme ersetzt. Die App »BabyConnect« dokumentiert zum Beispiel den Alltag von Säuglingen – Größe, Gewicht, wie oft gestillt wurde, wie oft die Windeln nass waren und vieles mehr – und neuere Apps vergleichen das eigene Baby über eine Echtzeit-Datenbank mit den Kindern anderer Nutzer. Das Kind wird für die Eltern zu einem Datenvektor und ganz normale Abweichungen oft zur Quelle unnötiger Sorgen.

Die zweite Version heißt »Nudging«. Statt den Algorithmen gleich die ganze Arbeit zu überlassen, lenkt man Menschen in eine bestimmte Richtung, oft ohne dass sie sich dessen überhaupt bewusst sind. Das Experiment zu den Wahlen in Indien ist ein gutes Beispiel dafür. Wir wissen, dass die erste Seite der Google-Suche etwa 90 Prozent aller Klicks erhält und davon die Hälfte auf den ersten beiden Einträgen. Dieses Wissen über menschliches Verhalten macht man sich nun zu Nutze und manipuliert die Reihenfolge der Einträge so, dass die positiven Nachrichten über einen bestimmten Kandidaten oder ein bestimmtes kommerzielles Produkt der ersten Seite erscheinen. In Ländern wie Deutschland, wo die Websuche durch eine einzige Suchmaschine (Google) dominiert ist, eröffnet dies ungeahnte Möglichkeiten für eine Fernsteuerung der Wähler. Genauso wie der Techno-Paternalismus nimmt Nudging dem Menschen das Steuer aus der Hand.

Aber es gibt noch eine dritte Möglichkeit – meine Vision heißt Risikokompetenz: Menschen wird die Fähigkeit vermittelt, die Medien zu kontrollieren, statt von ihnen kontrolliert zu werden. Risikokompetenz im Allgemeinen betrifft den informierten Umgang mit Gesundheit, Geld und modernen Technologien. Digitale Risikokompetenz bedeutet, die Chancen digitaler Technologien nutzen zu können, ohne zugleich abhängig oder manipuliert zu werden. Und das ist gar nicht so schwierig. Mein Doktorand hat inzwischen gelernt, seinen E-Mail-Account nur dreimal am Tag einzuschalten – morgens, mittags und abends – und sich dazwischen ungestört auf seine Arbeit zu konzentrieren.

Digitale Selbstkontrolle sollte Kindern bereits in der Schule vermittelt werden und auch von den Eltern vorgelebt werden. Zwar will uns so manch ein Paternalist glauben machen, wir Menschen seien nicht intelligent genug, um je risikokompetent zu werden. Aber ebenso hat man vor einigen Jahrhunderten behauptet, dass die meisten Menschen nie Lesen und Schreiben lernen würden – heute kann das so gut wie jeder. Genauso kann jeder lernen, vernünftiger mit Risiken umzugehen. Um dies zu erreichen, müssen wir radikal umdenken und in Menschen investieren, statt sie durch intelligente Technologie zu ersetzen oder zu manipulieren. Im 21. Jahrhundert brauchen wir nicht noch mehr Paternalismus und Nudging, sondern mehr informierte, kritische und mündige Bürger. Es wird Zeit, die Fernbedienung für das eigene Leben wieder selbst in die Hand zu nehmen.

Wenn intelligente Maschinen die digitale Gesellschaft steuern

Yvonne Hofstetter

Im digitalen Zeitalter steuern Maschinen schon heute unseren Alltag. Das sollte ein Grund sein, sparsam mit unseren Daten umzugehen.

Für Norbert Wiener wäre die digitale Ära wohl das Paradies gewesen. »Die Kybernetik ist die Wissenschaft von Information und Kontrolle, gleichgültig, ob es sich um eine Maschine oder ein lebendiges Wesen handelt«, erklärte der Begründer der Kybernetik 1960 bei einem Vortrag in Hannover in deutscher Sprache.

Dabei hatte der Mathematiker den Begriff der Kontrolle nicht ganz treffend gewählt. Die Kybernetik, eine Wissenschaft mit Totalitätsanspruch, verspricht: »Alles ist steuerbar.« Schon im 20. Jahrhundert wurde die Kybernetik in militärischen Führungssystemen genutzt. Mit der Bezeichnung »C3I« (Command, Control, Communication and Information) lehnte man sich sprachlich an Wieners 1948 erschiene-

© Springer-Verlag GmbH Deutschland 2017
C. Könneker (Hrsg.), *Unsere digitale Zukunft*, DOI 10.1007/978-3-662-53836-4_5

nes Werk *Cybernetics: Or Control and Communication in the Animal and the Machine* an. Damit gemeint war die Regelung sowohl von (Industrie-)Anlagen als auch von einzelnen Menschen oder ganzen Gesellschaften. Ihre Voraussetzung: Information. Und die fällt im digitalen Zeitalter im Überfluss an.

Neu an der Kybernetik war das Konzept der Rückkopplung. Sie ist auch die herausragende Eigenschaft der Digitalisierung. Ist die Digitalisierung also nichts weiter als die perfekte Inkarnation der Kybernetik? Während wir mit Hilfe digitaler Geräte, vom Smartphone bis zum Smart Home, einen unaufhörlichen Datenstrom erzeugen, entsteht im Verborgenen ein Ökosystem künstlicher Intelligenzen, die den Ist-Zustand aus unseren Daten extrahieren und mit einem Soll-Zustand abgleichen.

Lernende Maschinen berechnen einen Stimulus, damit wir etwas Bestimmtes tun oder uns in bestimmter Weise verhalten. Sie sind die maschinellen Kontrollstrategien, die unseren Alltag regeln. Schon »Google Search« ist eine Kontrollstrategie. Hat ein Nutzer per Suchbegriff seine Absicht offenbart, präsentiert die Suchmaschine nicht die beste Antwort, sondern Links, die das weitere Nutzerverhalten auf eine Weise »steuern« sollen, die dem Internetgiganten mehr Umsatz beschert. Ein Missbrauch der monopolistischen Google-Marktstellung, mahnt die EU.

Der Ausweg: Ohne den nächsten Klick des Nutzers, die Response, entsteht kein Regelkreis. Ohne das menschliche Gegenüber wird Steuerung unmöglich. Wir können kybernetischen Zugriffen entgehen, wenn wir die Antwort schuldig bleiben. Bleiben wir diskret und sparsam mit unseren Daten, auch wenn es schwerfällt. Nur: In der digitalen Zukunft mag das nicht mehr ausreichen. Freiheit muss immer wieder neu errungen werden – selbst gegen den Zugriff intelligenter Maschinen.

Digitale Selbstbestimmung durch ein »Recht auf Kopie«

Ernst Hafen

Europa muss Bürgern ein »Recht auf Kopie« garantieren – ein erster Schritt zur Datendemokratie wären genossenschaftlich organisierte Banken für persönliche Daten.

In Europa weisen wir gern darauf hin, dass wir in freien demokratischen Gesellschaften leben. Aber beinahe unwissentlich sind wir in die Abhängigkeit multinationaler Datenkonzerne geraten, deren kostenlose Dienste wir mit unseren eigenen Daten bezahlen.

Persönliche Daten, die manchmal als eine »New Asset Class« oder als das Öl des 21. Jahrhunderts bezeichnet werden, sind heiß begehrt. Bisher kann aber noch keiner den maximalen Nutzen aus persönlichen Daten herausholen, denn dieser liegt in der Aggregation ganz unterschiedlicher Datensätze. Google und Facebook mögen zwar mehr über unsere Gesundheit wissen als unser Arzt, aber selbst sie können nicht alle unsere Daten zusammenfassen, weil sie richtigerweise kei-

© Springer-Verlag GmbH Deutschland 2017
C. Könneker (Hrsg.), *Unsere digitale Zukunft*, DOI 10.1007/978-3-662-53836-4_6

nen Zugriff auf unser Patientendossier, unseren Einkaufszettel oder unsere Genomdaten haben.

Im Gegensatz zu anderen Assets können Daten praktisch ohne Kosten kopiert werden. Jede Person sollte ein Recht auf eine Kopie all ihrer persönlichen Daten haben. So kann sie die Verwendung und Aggregation ihrer Daten kontrollieren und selbst entscheiden, ob sie Freunden, einem anderen Arzt oder der wissenschaftlichen Gemeinschaft Zugriff auf ihre Daten geben möchte.

Mit dem Aufkommen von »Mobile-Health«-Sensoren und -Apps können Patienten wesentlich zur Verbesserung medizinischer Erkenntnisse beitragen. Durch die Aufzeichnung ihrer körperlichen Aktivität, von Gesundheitsparametern und Arzneimittelnebenwirkungen auf ihren Smartphones tragen sie wichtige Daten für Anwendungsbeobachtungen, Beurteilungen von Gesundheitstechnologien und die evidenzbasierte Medizin im Allgemeinen bei. Bürgern die Kontrolle über Kopien ihrer Daten zu geben und sie an der medizinischen Forschung teilhaben zu lassen, ist auch eine moralische Verpflichtung, weil dadurch Leben gerettet werden können und die Gesundheitsfürsorge erschwinglicher wird.

Europäische Länder sollten mit dem »Recht auf Kopie« die digitale Selbstbestimmung ihrer Bürger in ihre Verfassungen aufnehmen, wie es in der Schweiz vorgeschlagen wird. So können Bürger mit ihren Daten eine aktive Rolle in der globalen Datenwirtschaft spielen. Wenn sie die Kopien ihrer Daten in nicht profitorientierten, bürgerkontrollierten Genossenschaften aufbewahren und verwalten würden, könnte ein Großteil des wirtschaftlichen Werts der persönlichen Daten wieder der Gesellschaft zugutekommen. Die Genossenschaften würden die Daten ihrer Mitglieder treuhänderisch verwalten. Das Ergebnis wäre eine Demokratisierung des Marktes der persönlichen Daten und das Ende der digitalen Abhängigkeit.

Big Data zum Nutzen von Gesellschaft und Menschheit

Andrej Zwitter, Roberto V. Zicari

Die Macht der Daten lässt sich für gute und für schlechte Zwecke nutzen. Fünf Prinzipien für eine Big-Data-Ethik.

In letzter Zeit mehren sich die Stimmen von Technologie-Visionären wie Elon Musk (Tesla Motors), Bill Gates (Microsoft) und Steve Wozniak (Apple), die vor den Gefahren künstlicher Intelligenz (KI) warnen. Eine Initiative gegen autonome Waffensysteme wurde von 20.000 Personen unterzeichnet, und ein kürzlich am MIT entworfener offener Brief spricht sich für einen neuen, inklusiven Ansatz für die kommende digitale Gesellschaft aus.

Es muss uns klar sein, dass Big Data, wie jedes andere Werkzeug, für gute und schlechte Zwecke eingesetzt werden kann. Die Entscheidung des Europäischen Gerichtshofs gegen das Safe-Harbour-Abkommen und zu Gunsten der Menschenrechte ist in diesem Sinne zu verstehen.

© Springer-Verlag GmbH Deutschland 2017
C. Könneker (Hrsg.), *Unsere digitale Zukunft*, DOI 10.1007/978-3-662-53836-4_7

Heutzutage verwenden Staaten, internationale Organisationen und private Akteure Big Data in verschiedenen Einsatzgebieten. Es ist wichtig, dass sich alle, die aus Big Data einen Mehrwert schöpfen, ihrer moralischen Verantwortung bewusst sind. Daher wurde die Initiative »Data for Humanity« mit dem Zweck ins Leben gerufen, einen Ehrenkodex für die nachhaltige Verwendung von Big Data zu verbreiten. Diese Initiative vertritt fünf ethische Grundprinzipien für Big-Data-Akteure:

1. *»Do no harm«*. Der digitale Fußabdruck, den heute jeder zurücklässt, schafft eine gewisse Transparenz und Vulnerabilität von Individuen, sozialen Gruppen und der Gesellschaft als Ganzes. Man darf durch die Arbeit mit Big Data und den Einsichten, die sie gewähren, Dritten keinen Schaden zufügen.

2. *Verwende Daten so, dass die Ergebnisse die friedliche Koexistenz der Menschen unterstützen.* Die Selektion von Inhalt und Zugang zu Daten beeinflusst das Weltbild der Gesellschaft. Eine friedliche Koexistenz ist nur möglich, wenn sich Datenwissenschaftler ihrer Verantwortung für einen gerechten und unverzerrten Datenzugang bewusst sind.

3. *Verwende Daten, um Menschen in Not zu helfen.* Innovationen im Bereich von Big Data können neben einem wirtschaftlichen meist auch einen gesellschaftlichen Mehrwert erzeugen. Im Zeitalter der globalen Konnektivität resultiert aus der Fähigkeit, mit Big Data Innovationen zu schaffen, die Verantwortung, Menschen in Not zu unterstützen.

4. *Verwende Daten, um die Natur zu schützen und die Umweltverschmutzung zu reduzieren.* Eine der großartigen Leistungen von Big-Data-Analytics ist die Entwicklung von effizienten Abläufen und Synergieeffekten. Nur wenn dies auch

zur Schaffung und Erhaltung einer gesunden und stabilen Umwelt eingesetzt wird, kann Big Data eine Nachhaltigkeit für Wirtschaft und Gesellschaft bieten.

5. *Verwende Daten, um Diskriminierung und Intoleranz zu beseitigen sowie ein faires Zusammenleben zu schaffen.* Soziale Medien verursachen eine verstärkte, globale Vernetzung. Eine solche kann nur zu langfristiger globaler Stabilität führen, wenn sie auf den Prinzipien von Fairness, Gleichheit und Gerechtigkeit aufgebaut ist.

Zum Abschluss möchten wir noch darauf hinweisen, wie Big Data eine interessante neue Chance zu einer besseren Zukunft darstellen kann: »As more data become less costly and technology breaks barriers to acquisition and analysis, the opportunity to deliver actionable information for civic purposes grows. This might be termed the ›common good‹ challenge for big data«. (Jake Porway, DataKind)

Demokratische Technologien und verantwortungsvolle Innovation

Jeroen van den Hoven

Wenn Technik darüber bestimmt, wie wir die Welt sehen, drohen Missbrauch und Täuschung. Innovation muss daher unsere Werte widerspiegeln.

Vor Kurzem wurde Deutschland von einem Industrieskandal weltweiten Ausmaßes erschüttert. Die Enthüllungen führten zum Rücktritt des Vorstandsvorsitzenden eines der größten Automobilkonzerne, einem schwer wiegenden Vertrauensverlust der Konsumenten, dramatisch gefallenen Aktienkursen und einem großen ökonomischen Schaden für die gesamte deutsche Autoindustrie. Sogar von einer schweren Beschädigung der Marke »Made in Germany« war die Rede. Die Schadensersatzforderungen gehen in einen mehrstelligen Milliardenbereich.

Der Hintergrund für den Skandal war der Umstand, dass dieser und weitere Automobilhersteller manipulative Software verwendeten, die erkennt, unter welchen Bedingungen

© Springer-Verlag GmbH Deutschland 2017
C. Könneker (Hrsg.), *Unsere digitale Zukunft*, DOI 10.1007/978-3-662-53836-4_8

die Umweltverträglichkeit eines Fahrzeugs getestet wird. Der Softwarealgorithmus passte die Steuerung unter Testbedingungen so an, dass der Motor weniger schädliche Abgase erzeugt als unter normalen Betriebsbedingungen. Er führte damit das Messverfahren in die Irre. Die volle Reduktion der Abgase erfolgt nur während dieser Tests, aber nicht im Alltagsbetrieb.

Auch in der digitalen Gesellschaft bestimmen Algorithmen, Computercodes, Softwaresysteme, Modelle und Daten immer mehr, was wir sehen und welche Wahlmöglichkeiten wir haben: im Automobil, bei der Krankenversicherung, im Finanzwesen und in der Politik gleichermaßen. Das bedingt neue Risiken für Wirtschaft und Gesellschaft, insbesondere die Gefahr, getäuscht zu werden.

Es ist daher wichtig zu verstehen, dass unsere Werte sich in den Dingen ausdrücken, die wir schaffen. Umgekehrt formt das technologische Design die Zukunft unserer Gesellschaft (»code is law«). Falls diese Werte eigennützig, diskriminierend oder im Gegensatz zu den Idealen von Freiheit oder dem Schutz der Privatsphäre und Menschenwürde stehen, dann schadet dies unserer Gesellschaft. Im 21. Jahrhundert müssen wir uns daher dringend mit der Frage befassen, wie man ethische Prinzipien technologisch umsetzen kann. Die Herausforderung lautet »design for value«.

Ohne die Motivation, die technischen Werkzeuge, Wissenschaft und Institutionen, die uns darin unterstützen, unsere digitale Welt transparent und verantwortungsvoll in Übereinstimmung mit den Werten zu formen, die wir teilen, sieht unsere Zukunft sehr düster aus. Zum Glück investiert die Europäische Kommission in ein umfangreiches Forschungs- und Entwicklungsprogramm für verantwortliche Innovation. Darüber hinaus haben die EU-Länder in Lund und Rom Erklärungen verabschiedet, die unterstreichen, dass Innovation verantwortungsvoll erfolgen muss. Dies bedeutet unter anderem, dass Innovation auf die Lösung gesellschaftlicher Probleme abzielen und intelligente Lösungen erarbeiten soll, die Werte wie Effizienz, Sicherheit und Nachhaltigkeit miteinander in Einklang bringen. Echte Innovation besteht nicht darin, Menschen zu täuschen und glauben zu lassen, dass die von ihnen gekauften Autos nachhaltig und effizient sind, sondern echte Innovation schafft Technologien, die diesem Anspruch tatsächlich genügen.

»Big Nudging« – zur Problemlösung wenig geeignet

Dirk Helbing

Wer über große Datenmengen verfügt, kann Menschen auf subtile Weise manipulieren. Doch auch Gutmeinende laufen Gefahr, mehr falsch als richtig zu machen.

Befürworter des Nudgings argumentieren, dass der Mensch nicht optimal entscheidet und dass man ihm daher helfen müsse (Paternalismus). Dabei wählt Nudging jedoch nicht den Weg des Informierens und Überzeugens. Vielmehr werden psychologische Unzulänglichkeiten ausgenutzt, um uns zu bestimmten Verhaltensweisen zu bringen. Wir werden also ausgetrickst. Der zu Grunde liegende Wissenschaftsansatz wird »Behaviorismus« genannt und ist eigentlich längst veraltet.

Vor Jahrzehnten richtete Burrhus Frederic Skinner Ratten, Tauben und Hunde durch Belohnung und Bestrafung ab (zum Beispiel durch Futter und schmerzhafte Stromschläge). Heute versucht man Menschen durch vergleichbare Methoden zu konditionieren. Statt in der Skinner-Box sind wir in der »fil-

© Springer-Verlag GmbH Deutschland 2017
C. Könneker (Hrsg.), *Unsere digitale Zukunft*, DOI 10.1007/978-3-662-53836-4_9

ter bubble« gefangen: Mit personalisierter Information wird unser Denken geleitet. Mit personalisierten Preisen werden wir bestraft oder belohnt, zum Beispiel für (un)erwünschte Klicks im Internet. Die Kombination von Nudging mit Big Data hat also zu einer neuen Form des Nudgings geführt, die man als »Big Nudging« bezeichnen könnte. Mit den oft ohne unser Einverständnis gesammelten persönlichen Daten offenbart sich, was wir denken, wie wir fühlen und wie wir manipuliert werden können. Diese Insiderinformation wird ausgenutzt, um uns zu Entscheidungen zu bringen, die wir sonst nicht treffen würden, etwa überteuerte Produkte zu kaufen oder solche, die wir nicht brauchen, oder vielleicht unsere Stimme einer bestimmten Partei zu geben.

Vor allem ist Big Nudging aber zur Lösung vieler Probleme ungeeignet. Besonders gilt das für die komplexitätsbedingten Probleme dieser Welt. Obwohl bereits 90 Länder Nudging verwenden, haben die gesellschaftlichen Probleme nicht abgenommen. Im Gegenteil. Die Klimaerwärmung schreitet ungebremst voran. Der Weltfrieden ist brüchig geworden und die Sorge vor Terrorismus allgegenwärtig. Cyberkriminalität explodiert, und auch die Wirtschafts- und Schuldenkrise ist vielerorts immer noch ungelöst.

Gegen die Ineffizienz der Finanzmärkte hat auch »Nudging-Papst« Richard Thaler kein Rezept zur Hand. Aus seiner Sicht würde eine staatliche Steuerung die Probleme eher verschlimmern. Warum sollte dann aber unsere Gesellschaft top-down steuerbar sein, die noch viel komplexer als ein Finanzmarkt ist? Komplexe Systeme lassen sich nicht lenken wie ein Bus. Das wird verständlich, wenn wir ein weiteres komplexes System betrachten: unseren Körper. Dort erfordert die Heilung von Krankheiten, das richtige Medikament zum richtigen Zeitpunkt in der richtigen Dosis einzunehmen.

Viele Behandlungen haben überdies starke Nebenwirkungen. Nichts anderes gilt für gesellschaftliche Eingriffe mittels Big Nudging. Oft ist keineswegs klar, was gut oder schlecht für die Gesellschaft ist. 60 Prozent der wissenschaftlichen Resultate aus der Psychologie sind nicht reproduzierbar. Es besteht daher die Gefahr, mehr falsch als richtig zu machen.

Überdies gibt es keine Maßnahme, die für alle Menschen gut wäre. Zum Beispiel haben in den letzten Jahrzehnten Ernährungsratgeber ständig wechselnde Empfehlungen gegeben. Viele Menschen leiden an Lebensmittelunverträglichkeiten, die sogar tödlich enden können. Auch Massen-Screenings gegen bestimmte Krebsarten und andere Krankheiten werden inzwischen kritisch gesehen, weil Nebenwirkungen und Fehldiagnosen die Vorteile oft aufwiegen. Beim Big Nudging bräuchte es daher wissenschaftliche Fundierung, Transparenz, ethische Bewertung und demokratische Kontrolle. Die Maßnahmen müssten statistisch signifikante Verbesserungen bringen, die Nebenwirkungen müssten vertretbar sein, die Nutzer müssten über sie aufgeklärt werden (wie bei einem medizinischen Beipackzettel), und die Betroffenen müssten das letzte Wort haben.

Es ist zu befürchten, dass die Anwendung ein- und derselben Maßnahme auf die Gesamtbevölkerung oft mehr Schaden als Nutzen anrichtet. Wir wissen aber bei Weitem nicht genug, um individuell passende Maßnahmen zu ergreifen. Nicht nur das richtige Mischungsverhältnis ist wichtig (also Diversität), sondern auch die richtige Korrelation (wer welche Entscheidung in welchem Kontext trifft). Für das Funktionieren der Gesellschaft ist es wesentlich, dass wir verschiedene Rollen einnehmen, die situativ passfähig sind. Davon ist Big Nudging weit entfernt.

Die heute angewandten Big-Data-basierten Personalisierungsverfahren schaffen vielmehr das Problem zunehmender Diskriminierung. Macht man zum Beispiel Versicherungsprämien von der Ernährung abhängig, dann werden Juden, Moslems und Christen, Frauen und Männer unterschiedliche Tarife zahlen. Damit tut sich eine Fülle neuer Probleme auf.

Richard Thaler wird daher nicht müde zu betonen, dass Nudging nur auf gute Weise eingesetzt werden sollte. Als Musterbeispiel, wie Nudging funktionieren könnte, nannte er einen GPS-basierten Routenleitassistenten. Der wird jedoch vom Nutzer selbst ein- und ausgeschaltet. Der Nutzer gibt das jeweilige Ziel vor. Der digitale Assistent bietet mehrere Alternativen, zwischen denen bewusst ausgewählt wird. Der digitale Assistent unterstützt den Nutzer so gut er kann dabei, sein eigenes Ziel zu erreichen und auf dem Weg dorthin bessere Entscheidungen zu treffen. Das wäre sicherlich der richtige Ansatz, aber die eigentliche Konzeption von Big Nudging ist eine andere.

Teil II

Die Debatte über das Digital-Manifest

Die Digitalisierung der Gesellschaft geht uns alle an!

Matthias Hein

Das Digital-Manifest ist zu einseitig negativ, findet Machine-Learning-Experte Matthias Hein. Gleichzeitig schlägt er Regeln vor, um die negativen Effekte, etwa Intransparenz von maschinellen Entscheidungen, abzuschwächen oder gar zu verhindern.

Das Digital-Manifest ist ein wichtiger Beitrag zu einer hoffentlich stärker werdenden Debatte über die Digitalisierung unserer Gesellschaft. Leider werden die gesellschaftlichen Auswirkungen von Entwicklungen in Technologie und Forschung generell viel zu wenig diskutiert. Von daher halte ich das Manifest für einen wertvollen Beitrag, auch wenn es mir etwas zu einseitig geraten ist: Es werden praktisch ausschließlich Negativszenarien angesprochen, während positive Entwicklungen und Chancen in wenigen Nebensätzen abgehandelt werden. Fortschritte in der Medizin wie etwa neue Diagnosemethoden und personalisierte Medikamente sowie bessere Ausnutzung von Ressourcen und Synergieeffekte in der Industrie 4.0 sind

© Springer-Verlag GmbH Deutschland 2017
C. Könneker (Hrsg.), *Unsere digitale Zukunft*, DOI 10.1007/978-3-662-53836-4_10

nur einige Beispiele für eine positive Beeinflussung der Gesellschaft durch die Digitalisierung.

Gewisse Entwicklungen sind allerdings sehr wohl kritisch zu sehen. Ich werde diese im Folgenden aus der Sicht meines eigenen Forschungsgebiets, dem maschinellen Lernen, kommentieren. Dabei integriere ich Stimmen des Symposiums »Algorithms Among Us: The Societal Impacts of Machine Learning«, das auf der letzten Haupttagung des maschinellen Lernens Neural Information Processing Systems (NIPS) im Dezember 2015 zum ersten Mal veranstaltet wurde.

Wir produzieren ständig selbst neue Daten durch Suchanfragen, Surfverhalten, Kreditkartenbenutzung. Geräte, die wir ans Internet angeschlossen haben, senden Daten weiter, oft ohne unser Wissen und unsere Kontrolle. Diese Daten werden hauptsächlich aus kommerziellem Interesse erhoben und erlauben es einigen wenigen Firmen, durch besser platzierte, das heißt personalisierte Werbung sehr viel Geld zu verdienen. Dies hinterlässt bei Etlichen ein diffuses Gefühl, immer mehr an Privatsphäre zu verlieren. Andererseits ist es auch keine realistische Option, die Benutzung dieser Dienste einzustellen.

Dies steht im Gegensatz dazu, dass viele bereit sind, sehr persönliche Daten zum Beispiel auf Facebook zu teilen. Es scheint, als ob einer Mehrheit der Bevölkerung völlig unklar ist, was die möglichen Auswirkungen der Preisgabe von bestimmten Informationen sind. Ein Beispiel ist der große öffentliche Protest bei der Einführung von Google Street View in Deutschland im Jahr 2010. Die Häuserfassaden sind jederzeit öffentlich zugänglich, und von daher werden durch die Verfügbarkeit der Bilder keine persönlichen Informationen weitergegeben. Auf der anderen Seite sind ungefähr ein Viertel aller Deutschen bereit, ihr komplettes Kaufverhalten für ein paar Bonuspunkte zu offenbaren, ohne zu wissen, an wen diese Daten eigentlich weitergeleitet werden. Das erscheint absurd, wenn man bedenkt, dass man mittels des Kaufverhaltens sehr private Informationen wie Gewohnheiten, Vorlieben und Einkommen wohl relativ genau vorhersagen kann. Es ist vielen Nutzern auch gar nicht klar, dass sie selbst bei anonymen Postings im Internet – etwa in Medizinforen – durch Korrelationen mit anderen Quellen gegebenenfalls identifiziert werden können. Ich stimme hier mit dem Digital-Manifest überein, dass einerseits mehr Aufklärung notwendig ist und andererseits der Nutzer wieder Herr über die eigenen Daten werden muss. Dazu sollten Regularien geschaffen werden, die es jedem erlauben, zum einen zu bestimmen, welche Daten herausgegeben werden, und zum anderen müssen die entsprechenden Firmen den Nutzern die Möglichkeit bereitstellen, die eigenen Daten einzusehen und gegebenenfalls zu löschen (siehe auch T. Hofmann und B. Schölkopf, »Vom Monopol auf Daten ist abzuraten« FAZ, 29.1.2015).

In Bezug auf die Auswertung der Daten und die generelle Entwicklung im Bereich der künstlichen Intelligenz wird in den Medien derzeit oft übertrieben. Man könnte meinen, dass man nur noch wenige Schritte von einer Superintelligenz entfernt ist. Richtig ist, dass es gerade rasante Fortschritte im Bereich der künstlichen Intelligenz gibt, die hauptsächlich durch das maschinelle Lernen, insbesondere »Deep Learning«, getrieben sind. »Deep Learning« ist vereinfacht gesagt das Lernen mittels neuronaler Netzwerke großer Tiefe. Im Unterschied zu früher können diese heute durch die stark gewachsene Rechenleistung, aber auch insbesondere durch die mittlerweile verfügbaren größeren Datensätze trainiert werden. Der Einsatz von »Deep Learning« hat vor allem im Bereich der Spracherkennung, der maschinellen Übersetzung und des maschinellen Sehens zu starken Verbesserungen geführt, die mittlerweile schon kommerziell genutzt werden. Bei all der derzeitigen Diskussion um »Deep Learning« und eine mögliche Superintelligenz sollte nicht vergessen werden, dass dies Lernalgorithmen sind, die für eine bestimmte Aufgabe trainiert wurden. Sie sind lernfähig im Sinn, dass mehr Trainingsdaten die Vorhersagen potenziell verbessern, aber sie sind nicht in der Lage, sich selbstständig weiterzuentwickeln und neue Aufgaben zu lösen. Selbst die überwiegende Mehrheit der Hauptprotagonisten im Bereich »Deep Learning« schätzt die Entwicklung einer echten künstlichen Intelligenz (was immer das im Detail heißen mag) in mittelbarer Zukunft als äußerst unwahrscheinlich ein.

Deutlich realistischer ist, dass wir in den nächsten zehn Jahren in immer mehr Gebieten menschenähnliche oder sogar bessere Leistungen mittels Lernalgorithmen erreichen können. Jüngstes Beispiel ist die Entwicklung des Go-Programms AlphaGo durch Google DeepMind, das kürzlich einen der besten Go-Spieler der Welt geschlagen hat. Ein wahrscheinliches Szenario ist daher, dass wir in den nächsten Jahren in vielen Bereichen digitale Assistenten bekommen, die uns in Aufgaben unterstützen und so unsere Leistung deutlich steigern. Auch wenn durch die damit erhöhte Produktivität Arbeitsplätze verloren gehen, erscheint es doch derzeit unklar, inwieweit das zu einem radikalen und vor allem schnellen Jobverlust führen soll, der von einigen vorhergesagt wird.

Ein Problem, das im Digital-Manifest angesprochen wird, ist die potenzielle Manipulation von Verbrauchern durch personalisierte Suchergebnisse oder Nachrichtenauswahl. Hier besteht tatsächlich die Gefahr einer Informationsblase, in der dem Verbraucher nur noch Informationen gezeigt werden, die er gerne sehen möchte. Dies kann im Extremfall zu einem eingeschränktem Weltbild führen, in dem nur noch die »eigene«

Wahrheit existiert und Alternativen ausgeblendet werden. Dies würde die derzeit schon stattfindende Abschottung von gewissen gesellschaftlichen Gruppen noch intensivieren. Allerdings liegt meiner Meinung nach der Grund für diese Entwicklung im Moment weniger in personalisierten Empfehlungen, sondern in der Möglichkeit, sich im Internet mit Gleichgesinnten zusammenzutun und sich so gegenseitig in der eigenen Meinung zu verstärken (Echokammereffekt). Um eine Manipulation durch Personalisierung frühzeitig zu verhindern, könnte man Firmen verpflichten, bei der Anzeige von Suchergebnissen und Nachrichten eine Wahlmöglichkeit zwischen personalisierter und allgemeiner Empfehlung einzuführen.

Durch Fortschritte in der natürlichen Sprachverarbeitung erscheint es realistisch, dass es in naher Zukunft möglich wird, mit dem Einsatz von Chatbots Menschen gezielt zu beeinflussen: um durch direkte Manipulation eine gewünschte Meinung zu forcieren oder durch massiven Einsatz von künstlichen Chatbots die gewünschte Meinung in einem Forum als Mehrheitsmeinung darzustellen. Der Gesetzgeber sollte hier frühzeitig eine Kennzeichnungspflicht künstlicher Dialogsysteme vorschreiben, damit jederzeit erkennbar ist, ob mit einem Menschen oder einem Computer kommuniziert wird.

Ein Punkt, der im Manifest am Rand diskutiert wurde, ist der derzeitige Einsatz von maschinellen Lernverfahren in sensiblen Bereichen etwa zur Bewertung eines Kreditrisikos. Hierzu muss man wissen, dass in Lernalgorithmen typischerweise die Fähigkeit zur Generalisierung optimiert wird, also die Fähigkeit, von den Trainingsdaten auf zukünftige bisher ungesehene Daten zu verallgemeinern. In sensiblen Bereichen wäre es aber wünschenswert, wenn der Lernalgorithmus nicht nur eine gute Vorhersage, etwa zur Bewertung eines Kredits, sondern auch eine Erklärung mitliefert, wie es zur Vorhersage kam. Denn ohne eine solche Erklärung gibt es auch keine Möglichkeit, die Entscheidung im Zweifel zu überprüfen und, wenn notwendig, zu korrigieren. Die Interpretierbarkeit und die Güte der Vorhersage sind dabei aber oft gegenläufige Ziele. Interpretierbare Modelle sind typischerweise sehr einfach. Allerdings können diese komplexe Zusammenhänge nicht erklären und produzieren daher im Normalfall schlechtere Vorhersagen.

Ein weiterer Punkt ist, dass die Vorhersagen eines Lernalgorithmus genau wie die des Menschen implizit oder explizit diskriminierend sein können. Um beim Beispiel des Kreditrisikos zu blieben, könnte der Algorithmus Frauen generell besser bewerten als Männer. Dies muss kein Fehler des Lernalgorithmus sein, wenn es so in den Daten steckt. Denn die Güte der Vorhersage und Fairness können gegenläufige Ziele sein. Gegenüber dem Menschen hat allerdings der Algorithmus den Vorteil, dass wir diesen leichter ändern können, um Fälle impliziter oder expliziter Diskriminierung zu verhindern. Dies würde auch zu einer gerechteren Gesellschaft beitragen. Die Integration von Interpretierbarkeit und Fairness in Lernalgorithmen ist daher ein aktuelles Forschungsthema.

Abschließend betrachtet ist es auf Grund der wachsenden gesellschaftlichen Bedeutung essenziell, dass die Forschung zu den genannten Themen offen und transparent stattfindet. Die potenzielle Entwicklung und Nutzung dieser neuen Technologien darf kein Monopol von wenigen großen IT-Firmen sein! Zurzeit ist die Situation noch erfreulich gut, da Google, Facebook und Microsoft zumindest teilweise ihre Forschung publizieren und Software als Open-Source-Projekte der Forschungsgemeinde zur Verfügung stellen. Wir müssen aber jetzt und in Zukunft sicherstellen, dass ein entsprechendes Gegengewicht auch in öffentlichen Forschungseinrichtungen vorhanden ist.

Eine Ethik für Nerds

Interview mit Gerhard Weikum

*Wie beurteilen führende Informatiker und Entwickler von
künstlicher Intelligenz das Digital-Manifest? Gerhard Weikum
betont die Chancen von automatisiertem Lernen und regt an,
über ein öffentlich-rechtliches Internet nachzudenken.*

Gerhard Weikum

ist Direktor am Max-Planck-Institut für Informatik in Saarbrücken und außerordentlicher Professor für Informatik an
der Universität des Saarlandes.

**Herr Professor Weikum, was ging Ihnen bei der Lektüre
des Digital-Manifests durch den Kopf?**
Gerhard Weikum: Dass man sich sehr ernsthaft mit den Risiken von »Big Data« und der fortschreitenden »Digitalisierung« unserer Gesellschaft auseinandersetzt, halte ich für
enorm wichtig. Von daher finde ich den Artikel erst einmal

© Springer-Verlag GmbH Deutschland 2017
C. Könneker (Hrsg.), *Unsere digitale Zukunft*, DOI 10.1007/978-3-662-53836-4_11

sehr verdienstvoll. Aber man sollte den Risiken immer auch die Chancen gegenüberstellen: der bessere Umgang mit knappen Ressourcen wie Energie, Optimierungen in Verkehr und Logistik, Fortschritte in der Medizin und vieles mehr. Das Digital-Manifest ist für meinen Geschmack etwas einseitig geraten, aber vielleicht braucht man die starke Betonung der Risiken, um uns alle zu sensibilisieren. Das kürzere Strategiepapier derselben Autoren ist hingegen sehr zielführend.

Wie beurteilen Sie die Gefahr, dass wir uns zu einer automatisierten Gesellschaft in einer ausgehöhlten Demokratie entwickeln?

Hier sollte man gesellschaftliche und technologische Trends auseinanderhalten. Die Tendenz, dass Bürger unmündiger werden und sich von populistischen Trends manipulieren lassen, gibt es doch schon länger. Technologie verstärkt und beschleunigt solche Trends, aber man kann den Zeitgeist nicht nur auf Technologie abwälzen. Nehmen Sie zum Beispiel die Einführung des Privatfernsehens vor rund 30 Jahren. Das hatte einen enormen Einfluss auf die Kultur, Subkultur und Kommerzialisierung unserer Gesellschaft – aber es war keine technologische Innovation.

Sie forschen selbst auf dem Gebiet der Informationsextraktion, also dem automatisierten Gewinnen von Erkenntnissen aus unstrukturierten Daten. Wohin geht die Entwicklung hier?

Wir entwickeln Methoden zum Aufbau großer Wissensgraphen, die ihrerseits maschinenlesbares Weltwissen und tiefere Semantik für Internetsuche, Textanalytik und generelles Sprachverstehen liefern – und potenziell auch für das Verstehen multimodaler Information wie zum Beispiel Videos. Dabei kommen zum einen computerlinguistische Verfahren und logikbasierte Inferenzmethoden zum Einsatz, zum anderen aber auch statistische Lernverfahren. Im Digital-Manifest ist dies alles stark vereinfacht als »KI« bezeichnet. Auch in unserem Forschungsbereich spielt die Menge der verfügbaren Daten eine große Rolle, weil wir so bessere multivariate Statistiken – über Texte – erhalten und maschinelle Lernverfahren besser trainieren können. Wer viele Texte gesehen hat, kann neue Texte besser verstehen und selbst auch besser schreiben. Das gilt auch für uns Menschen.

Müssen wir bei der Debatte um Big Data und Big Nudging klarer unterscheiden zwischen Risiken dadurch, dass Fremde über immer mehr Wissen über uns verfügen können, und der potenziellen Gefahr, dass jemand mit diesem oder ohne dieses Wissen unser individuelles Verhalten steuert?

Ja, das ist ein wichtiger Punkt. Digitale Daten und Hintergrundwissen über uns sind ja oft auch nützlich. Die Personalisierung von Suchresultaten bei der Internetsuche oder beim elektronischen Einkaufen erlaubt bessere Dienstqualität und wird von vielen Menschen geschätzt. Und wenn es um die eigene Gesundheit geht, wird man auch den Wert individualisierter Medizin schätzen. Entscheidend ist Transparenz: Der Einzelne muss selbst entscheiden können, wer seine Daten erhält und ob dadurch Information und Dienste personalisiert werden sollen oder nicht.

Wo müsste nach Ihrer Ansicht regulierend eingegriffen werden?

Zur Eindämmung des Risikos potenzieller Verhaltensmanipulation gibt es sicher Regulierungsbedarf. Beispielsweise könnte man bei individualisierten Preisen eine starke Kennzeichnungspflicht einführen, und falls es bald auch politische Tagesnach-

richten in individuell zugeschnittener Form aufs Handy oder
Tablet geben sollte, gilt dies dort erst recht. Parallel dazu muss
man aber auch Aufklärungsarbeit leisten und das Bewusstsein
für die Chancen und Risiken von »Big Data« verbessern.

**Wie sieht die Scientific Community, wie sehen
Informatiker, die selbst an der Entwicklung lernender
KI-Systeme arbeiten, die anhebende Debatte über
mögliche Folgen ihres Tuns?**

Technologiefolgenabschätzung und die ethische Dimension sind
enorm wichtig; daran müssen sich unbedingt auch Fachwissen-
schaftler beteiligen. Digitalisierung an sich ist ein evolutionäres
Phänomen, das sich schon lange abzeichnet. Aber jetzt erleben
wir eine rasante Beschleunigung der technischen Möglichkeiten
und Anwendungstrends, so dass wir eben auch die Diskussion
um die gesellschaftlichen Auswirkungen stark intensivieren müssen. Wir brauchen eine »Ethik für Nerds«, um einen meiner
lokalen Informatikkollegen zu zitieren. An der Universität des
Saarlandes zum Beispiel gibt es bereits eine solche Vorlesung, die
gemeinsam von der Informatik und der Philosophie getragen
wird. Aber das ist natürlich nur ein Baustein von vielen.

**Würden Sie sich auch für mehr Regulierung der weltweiten
Forschung zu lernenden KI-Systemen aussprechen?**

Wissenschaft darf nicht reguliert werden; das wäre wie die
Zensur im Journalismus oder das Verbot anatomischer Studien durch die Kirche im Mittelalter. Dass viele Erkenntnisse
der Wissenschaft ambivalente Anwendungen haben, ist auch
nicht neu: Denken Sie an Kernenergie, Satellitentechnik,
Mikrobiologie, Gentechnik, Robotik und anderes. Hier ist
die politische Demokratie gefragt – mit Beratung durch die
Wissenschaft und im gesellschaftlichen Diskurs.

Was man hingegen regulieren kann und soll, ist die privatwirtschaftliche Verwertung, also die vielfältigen Dienste der großen Internetakteure, insbesondere der Anbieter sozialer Netzwerke. Nur muss man Regulieren als Schaffen von Randbedingungen und Anreizsystemen verstehen, nicht einfach nur als Verbots- und Strafkatalog. Wenn man beispielsweise den großen Suchmaschinen das Erfassen von Nutzer-Clicks generell untersagt, würde die Qualität der Suchresultate auf den Stand von 1995 zurückfallen – das will man sicher auch nicht. Wenn man personalisierte Werbung im Internet komplett verbietet, entzieht man den großen Internetakteuren ihre Basis, profitabel zu operieren. Das Betreiben einer großen Suchmaschine kostet auch viele Milliarden pro Jahr. Warum sollte man als Unternehmen Internetsuche anbieten, wenn man damit nur Verlust machen würde?

Von Verlusten sind diese aber weit entfernt! – Bräuchten wir nicht eher Alternativen zu den Quasimonopolisten Google und Facebook?
Vielleicht nützt hier als Vergleich unser Umgang mit privaten Fernsehsendern. Da gibt es auch Sendungen, die ich persönlich für absolut sinnlos halte. Aber der Staat verbietet sie nicht, weil das Zensur wäre – außer bei gesetzlich verbotenen Inhalten natürlich. Wenn man diese Analogie weitertreibt, führt dies zu dem Gedanken eines » öffentlich-rechtlichen Internets «, das unter staatlicher Aufsicht parallel zum » wilden Internet « betrieben würde. Natürlich muss man dann auch sorgfältig über » öffentlich-rechtliche « Inhalte und Dienste nachdenken, und man muss die Kosten tragen können und dafür gegebenenfalls kreative Business-Modelle finden oder erfinden. Jetzt wäre ein guter Zeitpunkt, ernsthaft darüber nachzudenken.

Was ist zu tun, damit die beschleunigte Anhäufung von Daten im Zuge der Industrie 4.0 sowie die gleichzeitige Entwicklung immer leistungsfähigerer KI-Systeme, möglicherweise gar von funktionstüchtigen Quantencomputern, nicht die schlimmsten Dystopien wahr werden lassen?

Daten sind ein Rohstoff, der zunächst weder gut noch böse ist. Maschinelles Lernen braucht Daten zum Training; mit mehr Daten werden die analytischen Fähigkeiten und Vorhersagen besser. Es gibt viele positiv belegte Anwendungen, die darauf beruhen. Zum Beispiel ist die moderne Bildverarbeitung ohne statistisches Lernen nicht mehr denkbar – das beinhaltet auch die bildgebenden Verfahren in der medizinischen Diagnostik. Darauf will sicher niemand mehr verzichten.

Lernende KI-Systeme sind keine größere Bedrohung als vernetzte Computersysteme generell. Es sind immer noch Algorithmen für klar definierte Aufgaben, die ihrer Programmierung folgen. Dass Software Bugs hat und sich daher nicht immer wie gewünscht verhält, ist etwas anderes als die »Verselbständigung der Maschinen«, die das Digital-Manifest apokalyptisch heraufbeschwört.

Kommen wir noch einmal auf die konkreten Vorschläge des Digital-Manifests zu sprechen!

Dies sind gute Ideen, aber vieles muss noch ergänzt, verfeinert und praktikabel gemacht werden. Ein sehr guter Vorschlag ist, dass persönliche Daten von der erfassenden Seite dem betroffenen Nutzer in einer dedizierten Daten-Mailbox mitgeteilt werden müssen. Das schafft Transparenz und ist Voraussetzung für das Recht des Nutzers, das Löschen von Daten erwirken zu können. Allerdings ist die nutzerfreundliche und unangreifbare Realisierung dieser Forderung technisch alles andere als einfach. Das »Recht auf Vergessen« wurde in den letzten Jahren ja schon öfter diskutiert, aber man kennt derzeit kein robustes kryptografisches Verfahren, das Daten mit Verfallsdatum effektiv realisieren könnte.

Was fehlt im Digital-Manifest aus Ihrer Sicht?

Ein wichtiger Aspekt, der bei den Thesen des Manifests fehlt, ist die Intensivierung der Informatikforschung zu den Themen Sicherheit, Privatsphäre und Vertrauen von Internetdiensten im breiten Sinn, einschließlich Suche und sozialer Medien. Hier gibt es nämlich auch viele technisch-algorithmische Herausforderungen. Dabei ist es essenziell, dass diese Forschung im öffentlichen Raum stattfindet, so dass die Ergebnisse und die sich möglicherweise ergebenden Handlungsempfehlungen für jedermann zugänglich sind.

Der allerwichtigste Aspekt ist aber wohl die Aufklärungsarbeit vor allem bei jungen Internetnutzern. Die gesellschaftliche Diskussion zu Big Data muss intensiviert werden, und sie muss dann auch die Breite der Nutzer erreichen. Die besten Werkzeuge zur Datentransparenz und zum Schutz der Privatsphäre werden nicht helfen, wenn sie keine Akzeptanz bei den Nutzern haben.

Das Interview führte Carsten Könneker.

Propheten einer digitalen Apokalypse?

Manfred Broy

Die Digitalisierung habe viel mit der Einführung des Autos vor 100 Jahren gemein. Panikmache sei daher fehl am Platz, kritisiert Manfred Broy das Digital-Manifest.

Eines vorweg: Die im Digital-Manifest adressierten Wertvorstellungen wie Mündigkeit des Bürgers, Grundrechte, informationelle Selbstbestimmung stehen in ihrer Bedeutung und Gültigkeit außer Zweifel – gleichermaßen das Recht auf Privatheit. Und es ist auch klar, dass Fragen berechtigt sind, inwieweit diese unveräußerlichen Bürgerrechte durch die Digitalisierung gefährdet sein könnten. Panikmache digitaler Maschinenstürmer hilft aber nicht weiter und auch nicht wilde Spekulation darüber, was in der Digitalisierung alles möglich wäre – von wegen superintelligente Maschinen.

Was ist Digitalisierung denn eigentlich? Im Grunde genommen gibt es digitale Technologien bereits seit mehr als 60 Jahren. Die Entwicklung zeigt aber, dass von anfänglichen

© Springer-Verlag GmbH Deutschland 2017
C. Könneker (Hrsg.), *Unsere digitale Zukunft*, DOI 10.1007/978-3-662-53836-4_12

Anwendungen in Spezialbereichen die digitale Technologie in Stufen in alle nur denkbaren Anwendungsdomänen vorgedrungen ist, sich von einer Labordisziplin zu einer in technischen und betriebswirtschaftlichen Anwendungen höchst nützlichen und mittlerweile unverzichtbaren Technologie entwickelt hat und inzwischen ganz nah an den Menschen im Alltag angekommen ist. Wie selbstverständlich nutzen Menschen heute Smartphone, Internet, World Wide Web, Geräte, Maschinen und Systeme, die von eingebetteter Software durchdrungen sind. Die Ursache für diese intensive Nutzung liegt letztendlich darin, dass diese für den Menschen so attraktiv ist und so viele neue Möglichkeiten eröffnet. Das Manifest aber ignoriert nahezu vollständig den unbestreitbaren Nutzen digitaler Technologie.

Die Sicherheit im Flugverkehr etwa und eine Reihe der Fortschritte in der Medizin lassen sich unmittelbar auf digitale Technik zurückführen, um nur zwei Beispiele zu nennen. Effizienz in der Energienutzung kann auch nur über Digitalisierung erreicht werden. Und die weltweite mobile Kommunikation, die ohne digitale Technologie völlig unvorstellbar wäre, hat die Möglichkeiten geschaffen, dass Menschen losgelöst von geografischen Gegebenheiten miteinander korrespondieren. Warum stellt man die Gefahren der digitalen Technologien in den Vordergrund, ohne die positiven Seiten zu zeigen?

Kein neues Phänomen

Nun aber konkret zu dem Manifest. Natürlich wäre es völlig inakzeptabel, wenn digitale Technologien zur Entmündigung des Bürgers genutzt würden. Deshalb brauchen wir neue spezifische Gesetze, um Menschen in ihren Grundrechten zu schützen. Es ist aber nicht das erste Mal, dass eine Technologie, wie etwa in den zurückliegenden 100 Jahren das Automobil, unsere Lebenswelten dramatisch verändert. Auch hier wurde die Infrastruktur auf diese Technologie ausgerichtet. Und auch hier gab und gibt es jede Menge Kollateralschäden: von der Umweltbelastung bis hin zu der doch immer noch hohen Anzahl von Unfällen mit Personenschaden.

Mit der Einführung des Automobils war es notwendig, neue Gesetze zu schaffen. Mit der Digitalisierung ist es nicht viel anders als bei der Einführung des Automobils – wobei allerdings die Digitalisierung mehr auf den Menschen als solches und auf sein inneres Wesen zielt.

Eines fällt am Digital-Manifest auf. Es enthält eine Reihe von Behauptungen, die zumindest nicht belegt und kaum belegbar sind oder gar wilde Spekulationen darstellen. Eine Aussage wie »Künstliche Intelligenz wird nicht mehr Zeile für Zeile programmiert, sondern ist mittlerweile sehr lernfähig und entwickelt sich selbstständig weiter« ist zumindest – gerade für den Laien – irreführend, streng genommen schlicht falsch.

Auch Programme der künstlichen Intelligenz werden Zeile für Zeile programmiert, selbst wenn in diesem Zusammenhang Techniken eingesetzt werden, die tatsächlich als »lernende Systeme« bezeichnet werden. Doch dieses »Lernen« ist so weit entfernt vom Lernen beim Menschen wie das Fliegen von Flugzeugen vom Fliegen der Vögel. Und die künstliche Intelligenz wird immer noch von Wissenschaftlern weiterentwickelt und entwickelt sich nicht selbst weiter.

Die Behauptung, dass »Algorithmen nun Schrift, Sprache und Muster fast so gut erkennen können wie Menschen und viele Aufgaben sogar besser lösen«, ist schlicht Unsinn. Es fällt nicht schwer, eine ganze Litanei von Aufgaben zu definieren, die Algorithmen und auch »Deep Mind« völlig überfordern würden, den normalen Durchschnittsbürger aber – ja selbst Kinder in keiner Weise.

Die Protagonisten der digitalen Apokalypse sollten sich an wissenschaftlich gesicherte Aussagen halten. Sie verkennen, dass, auch wenn inzwischen Computer besser Schach spielen als Schachweltmeister, es sich bei den Rechnern um Fachidioten handelt – oder als was würden wir einen Menschen bezeichnen, der brillant Schach spielt, aber sonst zu nichts weiter fähig ist? Auch die Behauptung, dass »heute Algorithmen wissen, was wir tun, was wir denken und wie wir uns fühlen«, ist schlicht und ergreifend falsch. Algorithmen »wissen« schon einmal gar nichts. Sie können höchstens Daten über uns verarbeiten. Wie stark diese Daten tatsächlich unsere Taten, unser Denken und unsere Empfindungen wiedergeben können, ist eine hoch komplizierte Frage. Aber zumindest nach Stand der heutigen Technik sind die Systeme weit davon entfernt, hier auch nur annähernd das zu leisten, was behauptet wird.

»… sollten sich an wissenschaftliche Aussagen halten.«
Interessant ist das Abdriften des Manifests in vorprogrammierte Katastrophen. Hier wird allgemein über die Optimierung und Komplexität der Probleme schwadroniert. Was hat die Beteiligung von Psychologen an Folterskandalen in der jüngsten Vergangenheit mit Digitalisierung zu tun? Wieso werden die Brüchigkeit des Weltfriedens und die langfristige Veränderung des Klimas der Digitalisierung angelastet? Sicherlich verbrauchen auch Rechner Energie und tragen damit zum CO_2-Ausstoß bei – aber eben nur zu einem Bruchteil.

Betrachtet man unsere Welt und die digitale Technik so, wie sie heute ist, so ist die Gefahr der Superintelligenz, auch der digitalen Superintelligenz, nicht zu erkennen. Eher gewinnt man den Eindruck, dass etwas mehr rationale Intelligenz unserer Welt insgesamt nicht schaden würde.

Ein Punkt allerdings ist unstrittig: Digitale Technologien schaffen neue Möglichkeiten. Wenn diese Möglichkeiten in die falschen Hände geraten, führt das zu enormen Gefahren. Aber andererseits ist auch klar – den digitalen Fortschritt wird niemand aufhalten. Das exponentielle Wachstum der Leistungsfähigkeit digitaler Technologie wird noch ein bis zwei Jahrzehnte andauern. Das Thema ist nicht, sich der digitalen Technologie in den Weg zu stellen oder sie unreflektiert zu verdammen. Die Herausforderung ist, die digitale Technologie in ihrer Nutzung zu gestalten – zu nutzen im Sinne der Menschen, zu gestalten im Sinne unsere Werte. Aber das kann nur gelingen, wenn wir die Möglichkeiten digitaler Technologie realistisch einschätzen und zutreffend darstellen.

Unsere demokratische Internetprothese

Interview mit Enno Park

Was macht die Digitalisierung mit uns – oder besser: Wir mit ihr? Ein Interview mit dem Journalisten, Informatiker und selbsterklärten Cyborg Enno Park über die Demokratie der Algorithmen und die Technik als wahre Natur des Menschen.

Enno Park

ist Wirtschaftsinformatiker und Publizist. Seit er Cochlea-Implantate trägt, bezeichnet er sich selbst als Cyborg.

Spektrum der Wissenschaft: Herr Park, ist die aktuelle Diskussion um die Digitalisierung angemessen?
Enno Park: Es ist ein wahnsinniges Kuddelmuddel zwischen Technikangst und Technikeuphorie. Aber weder das eine noch das andere sind hier wirklich angebracht. Viel wichtiger sind die konkreten Fragen im Hier und Jetzt: Was zum Beispiel der Einsatz von Algorithmen im großen Stil wirklich für uns bedeutet.

© Springer-Verlag GmbH Deutschland 2017
C. Könneker (Hrsg.), *Unsere digitale Zukunft*, DOI 10.1007/978-3-662-53836-4_13

Zum Beispiel wird im Digitalen Manifest das »Nudging« erwähnt und sehr hart kritisiert. Ich frage mich, ob diese Kritik in diesem Maß fair ist, weil die Mechanismen hinter Nudging eine eigentlich sehr menschenfreundliche Angelegenheit sind: Ich mache jetzt nicht das harte Gesetz und stecke Menschen ins Gefängnis, sondern ich versuche die Leute relativ sanft in die gewünschte Richtung zu bringen. Es gibt Leute, die durchschauen das, und es gibt Leute, die tun das nicht, aber die Art, wie da jetzt drüber gesprochen wird, erinnert mich so ein bisschen an die Hysterie der 1960er-Jahre um die Manipulation durch Werbung.

Ein anderes Beispiel, das im Manifest auftaucht, ist China. Algorithmen, die verwendet werden, um Menschen einzustufen und danach diesen Menschen Rechte und Privilegien anhand eines Social Scores – oder wie immer man das nennen will – zu gewähren. Das ist eine ganz fürchterliche, widerwärtige Angelegenheit. Das ist aber nicht die Schuld der Algorithmen, sondern eines Scheißsystems, sag ich mal jetzt so, das die da halt haben, das anhand solcher Gesichtspunkte Privilegien gewährt.

Wie ist das im konkreten Fall eines Algorithmus, der Kredite vergibt?
Bei der Kreditvergabe hier zu Lande möchte ich vor allem gerne wissen: Was hat dazu geführt, dass mir jetzt dieser Kredit nicht gewährt wurde? Da muss Transparenz hergestellt werden. Die wird heute mehr schlecht als recht tatsächlich hergestellt, indem ich eine Schufa-Anfrage stelle. Da kann ich relativ gut erkennen, was die Gründe dafür sind. Das ist die Offenheit und Transparenz, die ich dabei fordere, und die auch weiter gehen könnte. Den grundsätzlichen Einsatz von Algorithmen finde ich überhaupt nicht problematisch.

Vorher bist du in deine Sparkasse gegangen, und da hat dann der Angestellte oder vielleicht sogar der Filialleiter entschieden, ob du diesen Kredit bekommst. Der hat drauf geguckt, ob du einen Schlips trägst, ob du lange Haare hast, und in der Kleinstadt vielleicht noch, was dein Vater so beruflich macht. Von dort aus auf Kriterien zu wechseln, die nichts mit deiner Herkunft zu tun haben und stärker die tatsächlichen Risiken der Bank ausdrücken, halte ich tatsächlich für einen Fortschritt. Ich glaube diese Beispiele demonstrieren ganz gut, was ich eingangs sagte: Weder eine zu große Angst noch eine zu große Euphorie sind hilfreich im Umgang mit der neuen Technik.

Was bedeutet das für unseren Umgang mit Smartphones und Algorithmen?
Mittlerweile sind wir an einem Punkt angekommen, an dem wir Entscheidungen ein Stück weit automatisieren können, und ich glaube, das ist der Grund, weshalb jetzt auch bestimmte Diskussionen unter dem Stichwort künstliche Intelligenz aufkommen.

Mit künstlicher Intelligenz im engeren Sinn haben diese Diskussionen aber gar nicht so viel zu tun, sondern mit Entscheidungen. Da wird entschieden, ob dieser oder jener Mensch kreditwürdig ist oder nicht oder ob eine Ampel auf rot oder auf Grün geschaltet wird – das machen nun digitale Systeme, und jetzt stellt sich für uns die Frage nach der Kontrolle noch einmal neu.

Im Grunde genommen ist das nichts anderes als Politik: Wenn unsere politische Antwort auf die Frage nach der Kontrolle die Demokratie ist, dann muss das auch in Bezug auf Algorithmen gelten. Das heißt, wir müssen schauen: Wo führen die Effekte von Algorithmen zur Entscheidungsfindung, zu Eingriffen in die individuelle und gesellschaftliche Freiheit? Wo müssen wir dann auch Verwendung und Programmierung solcher Algorithmen demokratischen Standards unterwerfen?

Wie könnte das in der Praxis aussehen?

Das ist nicht so einfach zu beantworten. Ich glaube tatsächlich, dass wir eine neue Form von Politik brauchen. Wir haben jetzt schon ein sehr komplexes System in der Politik, nämlich den Umgang mit gesetzlichen Regelungen, die für Laien oft nicht mehr verständlich sind. Der Gesetzestext der Zukunft könnte tatsächlich Programmiercode sein, beziehungsweise ein komplizierter Algorithmus. Politik der Zukunft würde meiner Meinung nach auch bedeuten, zusätzlich zu Gesetzestexten mit solchem Code zu arbeiten.

Muss der Einzelne in einer codebasierten Demokratie den Code verstehen?

Jein. Musst du nicht, denn du musst ja auch nicht dein Auto selbst reparieren. Es muss dir aber möglich sein, wenn du es möchtest. Code sollte immer so weit offen gelegt sein, dass interessierte Bürgerinnen und Bürger lesen und kritisieren können, eine Debatte anstoßen können. Das heißt aber nicht, dass jeder einzelne sich jetzt ständig mit allem beschäftigen muss. Dazu sind wir gar nicht in der Lage. Deswegen haben wir ein System, in dem wir Menschen als unsere Vertreter wählen, die sich damit beschäftigen.

Heißt das, demokratischer Code muss offen gelegt werden?

Notwendigerweise. Wie wir jetzt gerade zum Beispiel an den TTIP-Verhandlungen sehen, sind Verschlusssachen undemokratisch. Es mag sein, dass bestimmte Dinge aus Gründen der Staatsräson besser unter Verschluss bleiben, aber ich glaube, dass es dabei nur um sehr wenige Dinge gehen sollte. Für Code sollte ähnliches gelten, sobald er gesellschaftlich relevant ist.

Man kann niemanden zwingen, einen kommerziellen Code zu veröffentlichen, der einfach irgendeine Aufgabe erfüllt. Aber wenn Plattformen wie Google, Facebook und so weiter gesellschaftliche Relevanz entwickeln, dann liegt die Forderung nach Demokratisierung dieser Plattformen auf der Hand.

Wo ist die Grenze bei Geschäftsgeheimnissen? Was ist zum Beispiel mit dem Code medizinischer Geräte wie einem Hörgerät?
Auch der sollte meines Erachtens öffentlich sein. Das Hörgerät ist kein Konsumgegenstand wie jeder andere, sondern der wird – zumindest theoretisch – vom Gesundheitssystem bezahlt. Ich finde aber auch, je mehr wir Technik an uns und unsere Körper heranlassen und je bestimmender die Technik für unser Leben und für unseren Alltag ist, desto wichtiger ist, dass wir auch gucken können, was diese Technik eigentlich macht.

Warum lassen wir die Technik überhaupt so nah an uns heran?
Technik ist für mich Natur. Unsere zweite Natur wäre schon das falsche Wort – sie ist unsere erste Natur. Wir sind von Anbeginn das Wesen, das sich selbst und seine Umwelt mit unseren technischen Hilfsmitteln manipuliert, von Anfang an. Mich stört diese Dualität, Kultur und Technologie gegen die Natur zu setzen. Die Natur hat uns, unsere Kultur und Technik hervorgebracht. Das ist alles eins. Das heißt nicht, dass das alles supertoll ist, was wir da machen, ganz sicher nicht. Aber ich glaube, dass dieses Denken in Dualität uns im Weg steht, wenn es darum geht, Probleme zu lösen.

Ist denn der massive Einfluss der Technik auf unsere Kultur – und durch Implantate, Prothesen, Hilfsmittel auch auf unsere Körper – nicht neu?

Nein. Das Einzige, was wirklich neu ist, ist die Überwindung der Körperbarriere – und die ist gar nicht so wahnsinnig wichtig. In den Körper implantierte Technik könnte man aus einer bestimmten Sicht als sehr krasses Instrument der Kundenbindung bezeichnen. Wir werden aber die allermeisten Dinge nicht implantieren, weil es sich nicht lohnt.

Das müssen wir aber auch nicht, denn es macht keinen großen Unterschied für uns, ob Geräte implantiert sind oder ob wir sie immer bei uns tragen. Das Smartphone zu verlieren oder dass es gar gestohlen wird – ich behaupte jetzt mal, das ist mittlerweile vielen Menschen unangenehmer als der Zwei-Millimeter-Schnitt beim Chirurgen um die Ecke. Es geht tatsächlich nicht um den Schnitt, sondern darum, wie stark wir uns mit einem Gerät verbunden fühlen. Das Smartphone ist tatsächlich eine Internetprothese geworden, ein Sinnesorgan, das wir uns gebaut haben, um das Internet möglichst überall nutzen zu können.

Also doch eine neue Art von Technik?

Sicher eine neue Art von Technik, nur dass die Implantation dabei lediglich eine sehr untergeordnete Rolle spielt. All diese Effekte, die man in Zukunft auf die Cyborgs der Sciencefiction projiziert, können wir heute schon beobachten: nicht nur punktuell, sondern massenhaft auch im Mainstream, anhand von Geräten wie den Smartphones.

Müsste man diese Ausweitung des Körpers dann nicht regulatorisch und kulturell anders behandeln als klassische Besitztümer?

Ich fände es spannend zu sagen, ein Smartphone zu beschädigen oder zu stehlen sei Körperverletzung. Das ist allerdings juristisch Quatsch. Eine seriösere Forderung ist, es so einzustufen wie einen Wohnungseinbruch beziehungsweise wie eine Hausdurchsuchung.

Ich finde es auch nicht unter allen Umständen falsch, dass Behörden mal ein Telefon aufmachen und mal reingucken wollen – nur die Hürden dafür müssen sehr hoch sein. Es muss ein hinreichend schweres Verbrechen vorliegen und ein Gericht muss das beschließen. Wir haben jetzt in Deutschland die Situation, dass es reicht, auf eine Demo zu gehen und das Telefon von irgendeinem Polizisten konfisziert zu bekommen, der da gerade langläuft und dem deine Nase nicht passt. Aber das Telefon ist für viele Menschen ein höchst intimer Gegenstand geworden.

Geht es bei solchen Fragen dann überhaupt noch um Technik?
Es geht um Entscheidungen. Ich habe mal in einem anderen Interview gesagt: Ich habe keine Angst vor Technik, ich habe nur Angst vor Menschen.

Ist die Technikdebatte also nur eine Stellvertreterdebatte?
Nicht ganz. Man darf jetzt nicht übersehen, dass die Digitalisierung Dinge möglich macht, die in diesem Maß vorher nicht möglich waren. Wenn man zum Beispiel das heutige Maß an Überwachung mit der DDR und der Stasi vergleicht, dann kann die DDR nicht im geringsten gegen heutige Zustände anstinken. Trotzdem kann man das, was heute hier passiert, nicht mit der DDR und der Stasi vergleichen, weil wir in ganz anderem Maß in einer freien Gesellschaft leben, Rechte haben und so weiter.

Ich glaube dieser Vergleich zeigt gut, dass diese reflexartige Reaktion, dieses Big Brother, 1984-Metapher eben nicht funktioniert für das, was bei der Digitalisierung in der Praxis passiert. Das ist vielschichtig, mit Vorteilen und Nachteilen. Die Digitalisierung ist ein Instrument, das totalitäre Diktaturen nutzen können, um Macht durchzusetzen, aber digitale Technologien können als Instrument für sehr vieles benutzt werden, wie viele andere Technologien auch.

Die Bezeichnung »Diktatur der Algorithmen« geht also an der Sache vorbei?

Ja, Diktatur geht immer von Menschen aus. Wenn wir so doof sind, einem Algorithmus die komplette Entscheidungsgewalt zu überlassen, dann sind immer noch wir es, die dem Algorithmus die Entscheidung überlassen haben. Es ist wie im alten Märchen, in dem ein Kind dem Kaiser sagt, dass er nackt ist. Das lässt sich genauso gut mit dem Algorithmus statt dem Kaiser denken.

Eine Schwierigkeit ist aber tatsächlich die Frage nach Macht und Autorität, zum Beispiel strahlt eine Zahl auf einem Computerbildschirm immer eine gewisse Autorität aus. Da sind natürlich Machtmechanismen im Spiel, die man nicht unterschätzen darf. Aber es ist nicht so, dass wir jetzt mit den Algorithmen einen bösen Geist geschaffen haben. Irgendwoher kommen die Dinger. Irgendwer sitzt an der Spitze und koordiniert ihren Einsatz, irgendjemand evaluiert den ganzen Kram. Das sind die Punkte, an denen wir ansetzen können. Und wir können diese Kontrolle auch erzwingen, nämlich durch Demokratisierung von Algorithmen und öffentliche Kontrolle.

Besteht nicht die Gefahr, dass unsere Gesellschaft irgendwann so stark von den Algorithmen abhängt, dass wir diese demokratische Kontrolle nicht mehr durchsetzen können?

Die Gefahr besteht immer. Aber dann besteht auch immer die Chance auf eine Revolution.

Das Interview führte Lars Fischer.

Fukushima der künstlichen Intelligenz

Interview mit Thomas Metzinger

Zeitgleich zum Digital-Manifest legten mehrere Philosophen ein Diskussionspapier über die Risiken und Chancen von künstlicher Intelligenz vor. Darin warnen sie vor historisch beispiellosen ethischen Herausforderungen durch die weitere KI-Entwicklung. Ein Gespräch mit Thomas Metzinger, einem der Autoren.

Thomas Metzinger

ist Leiter des Arbeitsbereichs Theoretische Philosophie an der Universität Mainz und Direktor der Forschungsstelle Neuroethik am dortigen Philosophischen Seminar.

© Springer-Verlag GmbH Deutschland 2017
C. Könneker (Hrsg.), *Unsere digitale Zukunft*, DOI 10.1007/978-3-662-53836-4_14

Herr Professor Metzinger, gemeinsam mit Ihren Koautoren warnen Sie vor einem »KI-Wettrüsten« – wer rüstet da und wozu?

Thomas Metzinger: Das können wissenschaftliche Forschungsteams, Großkonzerne oder ganze Länder sein. Weil fortgeschrittene künstliche Intelligenz in den verschiedensten Anwendungsbereichen Gewinn bringend eingesetzt werden kann, bestehen für Firmen wirtschaftliche Anreize, die Technologie möglichst schnell voranzutreiben. Zusätzlich zu wirtschaftlichen Interessen können auch militärische, geheimdienstliche oder politische Interessen eine Rolle spielen.

Wohin führt derlei Wettrüsten?

Die Worst-Case-Szenarien könnten prinzipiell sogar das Ende der menschlichen Zivilisation beinhalten. Normalerweise bestehen ja bereits im Vorfeld strukturelle Anreize dafür, dass riskante Technologien entwickelt und auf den Markt gebracht werden. Wenn so ein Projekt dann schiefgeht und der Schaden in einem noch überschaubaren Rahmen liegt, dann werden die verantwortlichen, fahrlässig handelnden Akteure in der Regel zur Rechenschaft gezogen. Tepco beispielsweise, das japanische Unternehmen hinter dem Fukushima-Atomkraftwerk, musste riesige Schadenszahlungen leisten. Im Moment beginnen sich viele Experten zu fragen, ob es einmal so etwas wie ein »Fukushima der künstlichen Intelligenz« geben könnte – und ob man ein solches Risiko überhaupt »versichern« könnte.

Und – könnte man?

Wenn die Risiken einer neuen Technologie existenzieller Natur sind, dann tragen Schadenszahlungen im Nachhinein keine zusätzliche abschreckende Wirkung mehr bei. Es ist wie bei der Umweltpolitik: Das Risiko einer globalen Katastrophe betrifft am Ende alle Menschen, aber der mögliche wirtschaftliche Gewinn geht weit gehend an diejenige Partei, die zuerst den Durchbruch im Markt schafft. Diese Anreizstruktur ist hochgefährlich, weil Parteien, die primär auf den Eigenprofit fokussiert sind, dazu neigen, ihre Risiken systematisch auf den Rest der Menschheit abzuwälzen.

Ihr Papier behandelt Sicherheitsfragen explizit. So gebe es ein Risiko unerwarteter Katastrophenfälle. An welche Szenarien denken Sie hier?

In erster Linie natürlich an militärische Applikationen. Je besser die Systeme werden, desto mehr Handlungsautonomie werden die Menschen an sie abgeben müssen. Ein Hauptgrund dafür ist die Tatsache, dass die Übertragungs-, Erkennungs- und Reaktionszeiten intelligenter Waffensysteme immer schneller werden. Diesen Geschwindigkeitsvorteil würde man wieder aus der Hand geben, wenn sich zum Beispiel Schwärme von Kampfrobotern zu oft bei ihren menschlichen Bedienern »rückversichern« müssten. Wenn Sie sich jetzt noch das eben erwähnte Wettrüsten zwischen verschiedenen Staaten und Militärapparaten hinzudenken, dann entsteht ein Anreiz zum Eingehen hoher Risiken.

Können Sie konkreter werden?

Es gibt konkrete Risiken, die heute bereits klar benennbar sind, deren Eintrittswahrscheinlichkeit aber weiter in der Zukunft liegt. Ich kann mir zum Beispiel gut denken, dass eine autonome KI sich von ihrem lokalen Rechner löst und beginnt, sich frei im Netz zu bewegen – etwa so wie ein großer, intelligent gewordener Virus, der sich nicht mehr beherrschen lässt. Sie könnte unentdeckte Sicherheitskopien von sich selbst anfertigen, sich selbst an immer neuen Orten reaktivieren und sich und ihre eigenen Ziele dadurch sozusagen globalisieren. Das wäre dann ähnlich wie ein Krankheitskeim bei einer Epidemie – nur dass dieser Keim intelligent wäre und viele Informationsquellen direkt im Internet anzapfen und für seine eigenen Ziele nutzen könnte. Der in Oxford lehrende Philosoph Nick Bostrom hat auf das Risiko hingewiesen, dass wir unabsichtlich ein »Singleton« erzeugen: eine einzige, unkontrolliert handelnde künstliche Intelligenz, die dem Menschen und anderen intelligenten Agenten in jederlei Hinsicht überlegen ist und die einseitig auch politische Entscheidungsrichtlinien festlegen kann.

Dann wäre diese Super-KI uns auch in ethischer Hinsicht überlegen?

Unter uns Menschen sind die intelligentesten Individuen nicht zwingend diejenigen, die am ethischsten handeln. Dementsprechend sollten wir nicht davon ausgehen, dass eine künstliche Intelligenz in unserem Sinn ethisch gute Werte haben wird, nur weil sie superintelligent ist.

Welche Schäden durch KI könnten die Ökonomie treffen?

Bei der »finanziellen Kriegführung« an den Börsen geschehen bereits heute völlig unerwartete Dinge. Ein konkretes Beispiel ist der »Flash-Crash« vom 6. Mai 2010: Viele Aktienindizes kollabierten plötzlich und erholten sich dann wieder rasant, der Dow Jones verlor zirka neun Prozent innerhalb von nur wenigen Minuten, manche Einzelaktien fluktuierten noch stärker. Die Weltwirtschaft und der Finanzhandel hängen heute bereits zum Teil von aktiven Computeralgorithmen ab, die ihre Entscheidungen im Millisekundenbereich treffen. Die Gewinne für die Börsenhändler, die die besten Algorithmen einsetzen, können groß sein. Wenn sich aber unerwartete Effekte zu einer Finanzkrise aufschaukeln, dann trägt den Schaden am Ende die Allgemeinheit: Die Transaktionen geschehen so schnell, dass Menschen nicht mehr eingreifen können, und die Verantwortlichkeit ist nicht mehr klar bestimmt. Den Schaden tragen am Ende die Weltwirtschaft und die Menschheit als Ganzes, und da besonders die schwächsten Teilnehmer.

Warum übertragen wir immer mehr Verantwortung auf Algorithmen?

Wenn intelligente Systeme in offenen Umwelten erfolgreich agieren sollen, dann werden wir in kleinen Schritten immer größere Teile unserer eigenen Autonomie an sie abgeben müssen. Jeder einzelne dieser Schritte mag uns rational erscheinen. Dadurch sinken aber auch die Transparenz und die Vorhersagbarkeit; technische Pannen können zu Kettenreaktionen führen, die für menschliche Benutzer erst viel zu spät erkennbar sind.

Aber liegt hier nicht ein ganz gewöhnlicher Fall von Dual Use vor: Jede Technologie kann zum Guten wie zum Schlechten dienen?

Erstens ist sehr vieles, was »gewöhnlich« ist, nicht damit schon in Ordnung. Eine Analogie: Die meisten von uns haben sich bereits längst an die Tatsache gewöhnt, dass 2016 das eine Prozent der reichsten Menschen über 50 Prozent des weltweiten Vermögens besitzen wird – die andere Hälfte verteilt sich dann wiederum sehr ungleich auf die restlichen 99 Prozent. Wir haben hier eine Zusammenballung wirtschaftlicher und politischer Macht und müssen uns fragen: Gibt es heute noch eine demokratisch gewählte Regierung auf der Welt, die es mit dieser Macht aufnehmen kann? Bei der KI sollten wir eine analoge Entwicklung verhindern, also eine nicht mehr rückgängig zu machende Konzentration kognitiver Kraft. Zweitens gibt es bei KI aber mehrere neue Qualitäten: KI-Technologie könnte irgendwann überhaupt nicht mehr »dienen«, weil sie eben genau nur dann immer besser wird, wenn wir sie auch autonomer werden lassen. Außerdem könnte die KI – gerade weil sie ja eine »erkennende Technologie« ist – zu ganz anderen Einschätzungen darüber gelangen, was denn überhaupt »gut« und »schlecht« ist. Wenn sie das tut, könnte es für sie rational sein, diese Tatsache vor uns zu verbergen. Man muss verstehen, dass es hier nicht mehr nur um »Technologiefolgenabschätzung« und angewandte Ethik im klassischen Sinn geht. Die autonomer werdende KI und das Internet sind »Metatechnologien«, weil fortgeschrittene KI letztlich selbst zur Erforschung und Entwicklung neuer Technologien verwendet werden kann. Wir gehen in unserem Diskussionspapier deshalb davon aus, dass KI diejenige Technologie ist, von der aktuell und mittelfristig die höchsten Risiken und Chancen ausgehen.

In Ihrem Diskussionspapier ist zu lesen, bis Ende dieses Jahrhunderts dürften KIs entwickelt sein, »deren Intelligenz sich zu der unseren so verhält wie die unsere zu derjenigen etwa der Schimpansen«. Im Digital-Manifest urteilen neun andere Autoren, die Menschen würden den Weisungen einer superintelligenten Maschine mit »gottgleichem Wissen« womöglich ehrfürchtig Folge leisten. Sind unsere Politiker, sind wir alle so schlaftrunken, dass nüchterne Wissenschaftler Sciencefiction-Szenarien zeichnen müssen, um uns wachzurütteln?

Ich ganz persönlich bezweifle manchmal, dass das »Wachrütteln« überhaupt noch eine effektive Option ist. Der Oktober war mit 0,18 Grad Celsius Steigerung wieder ein absoluter Rekordmonat und 2015 wird erstmalig die Temperatur um mehr als ein Grad über dem vorindustriellen Niveau liegen – wir alle wissen das. Am Beispiel des Klimawandels sehen Sie ja, dass es schlicht und einfach nicht funktioniert: Die Information ist überall, sie springt uns seit vielen Jahren förmlich ins Gesicht, und gleichzeitig fahren erwachsene Leute mit Geländewagen zum Supermarkt, ohne sich zu schämen, und unsere eigene Regierung kann sich nicht einmal gegen die Kohlelobby durchsetzen. Ein rationaler und ethisch fundierter Umgang mit Zukunftsrisiken hängt aber nicht davon ab, wie groß die Erfolgschancen sind – man muss einfach tun, was richtig ist, und die historisch neue Situation so nüchtern und klar wie möglich einschätzen. Letztlich geht es dabei auch um Selbstachtung.

Wie beurteilen Sie das Digital-Manifest als ein Philosoph, der sich in einer anderen Arbeitsgruppe selbst mit ähnlichen Themen auseinandersetzt?
Das Digital-Manifest mit den flankierenden Texten ist ein lobenswerter Beitrag zu der Debatte, die jetzt begonnen hat. Ich habe viel von den Autoren gelernt. Zum Beispiel hat Jeroen van den Hoeven sehr schön formuliert, dass »unsere Werte sich in den Dingen ausdrücken, die wir schaffen«. Es ist richtig: Wir müssen uns vermehrt damit befassen, wie man ethische Prinzipien technologisch umsetzen kann. Das ist jedoch heute bereits in der autonomen Robotik ein wesentlich dringlicheres Problem, als vielen klar ist.

Können Sie ein Beispiel dafür geben?
Nehmen wir einmal an, drei selbstfahrende Google-Autos begegnen in einem Kreisel einem Schulbus und zwei normalen Autos mit menschlichen Fahrern. Plötzlich springt ein Reh auf die Fahrbahn, und die Google-Autos erkennen blitz-

schnell, dass es jetzt mehrere mögliche Kollisionsvarianten gibt, bei denen unterschiedliche Menschen verletzt werden oder gar sterben. Es wäre unvernünftig, die Menschen noch in den Entscheidungsprozess über den »bestmöglichen Unfall« einzubeziehen – die Reaktion muss ja blitzschnell erfolgen. Wir müssen also den Maschinen selbst das moralische Denken und das moralische Handeln beibringen, und wir wollen dabei, dass sie »unsere Werte ausdrücken«. Ich denke, sie brauchen ein Wertesystem und einen Kalkül mit Transformationsregeln: Spielt das mögliche Leiden des Rehs auch eine Rolle in ihren Berechnungen? Haben junge und alte Fahrer – oder auch zahlende Passagiere im Google-Auto – wirklich denselben Wert, wenn es um die Minimierung des Schadens geht? Was genau sind überhaupt »unsere« Werte?

Darüber dürfte unter Menschen keine Einigkeit zu erzielen sein.

Und unter Philosophen schon gar nicht. Die praktische Frage ist eher, ob eine Gesellschaft sich angesichts dieser Situation auf einen normativen Minimalkonsens einigen könnte.

Was wäre das zum Beispiel?

Etwa: »Unfreiwilliges Leid sollte in allen leidensfähigen Wesen minimiert werden.« Wenn künstliche Intelligenzen in offenen Umgebungen und sozialen Kontexten intelligent agieren sollen, dann brauchen sie nicht nur Autonomie, sondern eben auch moralische Kognition und die Fähigkeit ethisch zu handeln. Wie autonom dürfen sie dabei sein? Das ist ein zusätzlicher Aspekt: Wollen wir unseren fortgeschrittenen Technologien erlauben, auch einmal andere Werte auszudrücken als unsere eigenen?

Sowohl Ihre Denkschrift als auch das Digital-Manifest benennen erhebliche Gefahren für unsere Sozialsysteme, weil intelligente Technologien menschliche Arbeitskraft im großen Stil überflüssig machen dürften. Anders als die Manifestanten warnen Sie aber nicht vor Gefahren für Demokratie und Freiheit. Kommen Sie hier zu anderen Einschätzungen?

Absolut nicht. Ich fand es sehr verdienstvoll, dass die Autoren diesen Aspekt so stark betont haben. Dirk Helbing hat am Beispiel der chinesischen Gesellschaft klar gemacht, wohin die Reise gehen könnte, und Gerd Gigerenzer macht in seinem Kommentar sehr deutlich, dass wir schon unseren Kindern beibringen sollten, sich nicht von den Medien kontrollieren zu lassen, sondern autonom zu bleiben und eine bewusste »Risikokompetenz« zu entwickeln. Dazu gäbe es noch viel zu sagen.

Wollen Sie einen Aspekt besonders hervorheben?

Einer der wichtigsten Punkte im Digital-Manifest betrifft aus meiner Sicht die »Filter-Bubble« und den Resonanzeffekt. Die Autoren legen hier den Finger auf ein neues Risiko für das, was politische Philosophen manchmal als »soziale Bindekräfte« bezeichnen: Wenn der einzelne Mensch vom System immer nur solche Vorschläge unterbreitet bekommt, die »hinreichend kompatibel« mit seinen eigenen Wünschen und Ideen sind, dann kann eine Gesellschaft tatsächlich schleichend in isolierte Subsysteme zerfallen, die sich gegenseitig nicht mehr wirklich verstehen und auch nicht kompromissbereit sind. Man kann sich nun leicht vorstellen, dass solche Filtereffekte und der Aufbau von »intellektuellen Echokammern« nicht nur durch profitorientierte Unternehmen immer weiter fortentwickelt werden, die einfach nur ihre Kunden kontrollieren und ausbeuten wollen. Man kann sich auch denken, dass eine künstliche Intelligenz, die wir vielleicht sogar in einer immer komplexer werdenden globalen Krisensituation als Ultima Ratio zum rationalen Social Engineering einsetzen wollen, solche Resonanzeffekte eigenständig optimiert, um – durchaus in unserem eigenen Interesse – nachhaltige Meinungsumschwünge auf gesamtgesellschaftlicher Ebene zu erzeugen. Könnten wir das angesichts existenzieller Risiken – denken wir wieder nur an den Klimawandel – vielleicht einmal selbst wollen, weil wir einfach keinen anderen Ausweg mehr sehen? Ich nenne diese Frage das Problem des »paternalistischen Flaschengeistes«. Demokratietheoretisch und philosophisch wäre ein solches Szenario auf jeden Fall mehr als problematisch.

Wenn wir an die drohenden Folgen des Klimawandels oder auch die Ursachen der aktuellen Flüchtlingskrise denken: Da wir Menschen offenbar nicht in der Lage sind, uns hier zusammenzuraufen, klingt die Entwicklung einer hilfreichen KI, einem superintelligenten Mediator, doch nach einem erstrebenswerten Ziel – oder?

Dies ist ein brisanter Punkt. Menschen sind, wie wir alle wissen, nur sehr beschränkt rationale Wesen, weil die Evolution viele kognitive Verzerrungen in unser Selbstmodell eingebaut hat. In meinem Buch *Der Ego-Tunnel* habe ich darauf hingewiesen, dass es einen weiteren und historisch neuen Aspekt des Problems gibt, weil nämlich die Einbindung von Hunderten von Millionen menschlicher Gehirne und der in ihnen aktiven virtuellen Selbstmodelle in immer neue mediale Umwelten bereits deutliche Rückwirkungen auf unser eigenes Denken und die Struktur des bewussten Erlebens selbst hat. KIs hingegen können so konstruiert werden, dass sie keine kognitiven Verzerrungen aufweisen. Prinzipiell könnte also gesteigertes Vertrauen in die Prognosen von KIs, sofern diese sicher und nach nachvollziehbaren Kriterien aufgebaut sind, auch zu einer deutlichen Rationalitätssteigerung bei vielen gesellschaftlichen und politischen Herausforderungen führen.

Wäre das nun Segen oder Fluch?

Es ist ein vielleicht emotional unangenehmer, aber klarer Punkt: Wenn wir uns darauf einigen könnten, was eine ethisch richtige Handlungsweise ist, dann könnten Maschinen uns bald dabei helfen, die konkreten Implikationen und die realen Konsequenzen unserer eigenen Werte wesentlich deutlicher zu sehen. Sie könnten auch darauf drängen, dass unsere eigenen Handlungen in Zukunft wesentlich besser zu unseren Werten und bereits vorhandenen Einsichten passen. Das Problem bestünde hier allerdings darin, die Stärken der KI zu nutzen, ohne menschliche Handlungsautonomie an die entsprechenden Systeme abzugeben. Was würden wir tun, wenn eine superintelligente KI, der wir in sozialethischer Hinsicht vertrauen, uns wiederholt den Vorschlag macht, in unserem eigenen Interesse noch etwas mehr Handlungsautonomie an sie selbst abzugeben?

Die Sorge überwiegt also. Dann werden wir zum Ende doch ganz konkret: Wer genau muss was genau verändern, damit drohende Gefahren durch die technologische Entwicklung abgewendet werden?

Zunächst weise ich noch einmal darauf hin, dass mit über 50 Prozent die Mehrheit der KI-Experten glaubt, dass bis 2090 superintelligente KIs entwickelt werden – falls sich keine globale Katastrophe ereignet, die den technologischen Fortschritt aufhält. Es gibt also eine signifikante Wahrscheinlichkeit, dass extrem intelligente KIs noch in diesem Jahrhundert geschaffen werden. Ein unkontrolliertes KI-Wettrüsten, bei dem jede Nation die erste sein will, wäre gefährlich und ist unbedingt zu verhindern. Von dieser Einschätzung ausgehend will ich Ihre Frage beantworten: Für die UNO und die Europäische Kommission ist wichtig, dass eine verstärkte internationale Kooperation dieser Dynamik entgegenwirken kann. Gelingt die internationale Koordination, dann lässt sich auch ein »Race to the Bottom« der Sicherheitsstandards zumindest prinzipiell verhindern. Weil ökonomische und militärische Anreize ein kompetitives Klima erzeugen, in dem es mit an Sicherheit grenzender Wahrscheinlichkeit zu einem gefährlichen Wettrüsten kommen wird, sollten diese ergänzt oder neutralisiert werden. Ein analoger Punkt gilt für die »synthetische Phänomenologie«, also das Erzeugen von künstlichem Bewusstsein. Grundsätzlich sollten wir die ungewollte Erzeugung von künstlichen, leidensfähigen Subjekten auf jeden Fall vermeiden, solange wir nicht extrem gute Argumente für einen solchen Schritt haben und sehr genau wissen, was wir da überhaupt tun. Es wäre möglicherweise gut, wenn die UNO und auch die EU hier offiziell Position beziehen würden.

Was müsste die Bundesregierung machen?
Für nationale Regierungen und Wissenschaftsministerien ist wichtig, dass mehr Forschungsgelder für die KI-Sicherheitsforschung und gute theoretische Analysen eingesetzt werden und weniger Gelder für Projekte, die einzig auf Verbesserung der KI-Leistungsfähigkeit abzielen. Bei der Vergabe von Forschungsgeldern im KI-Bereich sollte gefordert werden, dass sicherheitsrelevante Aspekte der Forschungsprojekte ausgewiesen und entsprechende Vorkehrungen getroffen werden.

Plädieren Sie für ein Moratorium?
Nein, Erkenntnisfortschritt ist wichtig – wir alle profitieren seit Jahrzehnten von der modernen Informatik, zum Beispiel

gerade auch die Kognitionswissenschaft und die Philosophie des Geistes. Ein Verbot jeder risikoreichen KI-Forschung halten meine Koautoren und ich weder für sinnvoll noch für praktikabel, weil es zu einer schnellen und gefährlichen Verlagerung der Forschung in Länder mit niedrigeren Sicherheitsstandards führen würde.

Ihr Diskussionspapier segelt unter der Flagge einer Stiftung für Effektiven Altruismus. Was hat es damit auf sich?

Die EA-Stiftung ist ein neuer Think-and-Do-Tank im Schnittbereich von Ethik und Wissenschaft. Der Begriff »Effektiver Altruismus« stammt ursprünglich aus der analytischen Philosophie und ist eine sich gerade weltweit ausbreitende soziale Bewegung. Effektive Altruisten sind häufig Leute, die denken, dass in vielen Fällen Rationalität sozusagen die tiefere Form von Mitgefühl sein kann – Menschen, die glauben, dass eine säkulare, wissenschaftlich fundierte Ethik letztlich wesentlich mehr Gutes in der Welt bewirken kann als religiös oder ideologisch motivierte Formen des moralischen Handelns. Für mich selbst ist Effektiver Altruismus keine fertige Theorie, sondern ein laufendes Forschungsprogramm.

Das Interview führte Carsten Könneker.

Wider Vernunft und besseres Wissen?

Tarek R. Besold

KI-Forscher Tarek R. Besold übt schwere Kritik am Digital-Manifest. Es sei alarmistisch statt alarmierend – und schade damit seinem eigentlichen Anliegen.

Zweifelsohne befinden wir uns an der Schwelle zu einem neuen Zeitalter, in welchem Information, Kommunikation und Automatisierung ganz neue Rollen spielen und in mehr Lebensbereiche eindringen werden, als dies vor einem halben Jahrhundert – am Anfang des Computerzeitalters – je vorstellbar war. Und es bestehen ebenso keine Zweifel, dass wir bereits dabei sind, über diese Schwelle zu treten, voller Elan und mit großen Hoffnungen, aber eben teilweise bisher auch naiv und ohne ausreichende Reflexion über mögliche Konsequenzen. Eine entsprechende Diskussion über unsere digitale Zukunft unter Einbezug aller Gesellschaftsteile und jedes Einzelnen ist seit Jahren überfällig. Den Ergebnissen dieses Meinungsbildungsprozesses wird eine grundlegende

© Springer-Verlag GmbH Deutschland 2017
C. Könneker (Hrsg.), *Unsere digitale Zukunft*, DOI 10.1007/978-3-662-53836-4_15

Bedeutung für das 21. Jahrhundert und die Gesellschaft, in der wir leben werden, zukommen. Umso wichtiger ist es, dass diese Debatte wohl informiert, realitätsorientiert und auf der Grundlage verifizierbarer Fakten geführt wird. Andernfalls droht ein Szenario, in welchem grundlegende Richtungsentscheidungen auf Basis von Mutmaßungen, Ängsten oder Vorurteilen getroffen werden.

Die Autoren des Digital-Manifests tun gut daran, Themen wie die Verfügbarkeit von Information, die individuelle wie auch kollektive Meinungsbildung sowie die Möglichkeiten, welche Big Data und moderne Datenanalyseverfahren staatlichen und nicht staatlichen Akteuren geben, anhand von konkreten Beispielen wie dem Nudging zu diskutieren. Auch der Hinweis auf mögliche, ja vielleicht sogar wahrscheinliche Auswirkungen auf den Arbeitsmarkt und die Arbeitswelt sind an dieser Stelle wichtig und richtig. Die Art und Weise, wie diese Punkte und die zugehörigen technischen Grundlagen vorgetragen werden, sind jedoch der Debatte in keiner Weise zuträglich – im Gegenteil.

Wenn die Autoren ausführen, dass Supercomputer menschliche Fähigkeiten in fast allen Bereichen innerhalb der nächsten 50 Jahre übertreffen werden, so fällt dies aus der Sicht eines aktiven KI-Forschers, der selbst im Bereich der »starken künstlichen Intelligenz« arbeitet, bestenfalls in die Kategorie der wilden Spekulation. Wie bereits von Manfred Broy festgehalten, ist die Aussage, dass künstliche Intelligenz nicht mehr Zeile für Zeile programmiert werde, sondern sich selbst ständig weiterentwickle, im pragmatischen Kontext des Manifests schlichtweg falsch. Dass Deep-Learning-Algorithmen Suchmaschinendaten intelligent auswerten, sollte keinesfalls wortwörtlich genommen werden, sondern eher als Anreiz dienen, über die sehr dehnbare Bedeutung des Begriffs

»intelligent« nachzudenken. Die Vorhersage, dass spätestens im Jahr 2035 die Hälfte der heutigen Arbeitsstellen von Algorithmen verdrängt sein werden, ist mit immens hoher Unsicherheit behaftet, ähnlich wie ein Langzeitwetterbericht über Wochen und Monate. Und die Nennung der öffentlich vorgetragenen Meinungen von Elon Musk (ein Unternehmer mit Abschlüssen in Physik und Wirtschaft), Stephen Hawking (theoretischer Physiker), Bill Gates und Steve Wozniak (beide Softwareunternehmer weit außerhalb der KI-Forschungslandschaft) ersetzt keineswegs die Diskussion mit tatsächlichen KI-Forschern aus allen Bereichen eines in sich aktuell selbst sehr stark diversifizierten Wissenschaftsgebiets.

Ja, es gibt Expertenumfragen innerhalb der KI-Community, in welcher eine Mehrheit der Befragten vorhersagt, dass noch vor 2060 eine menschenähnliche künstliche Intelligenz oder gar eine Superintelligenz jenseits der menschlichen Skala entwickelt sein dürfte. Jedoch kann ich selbst als Teilnehmer mehrerer solcher Umfragen sagen, dass immer auch der Kontext der Datenerhebungen in Betracht gezogen werden muss: Die meisten Statistiken spiegeln nicht repräsentativ die Meinung des gesamten Felds wieder, sondern werden bei Veranstaltungen oder über Mailinglisten durchgeführt, welche gezielt Forscher aus dem Unterbereich der menschenähnlichen KI ansprechen. Wen wundert es, dass in dieser speziellen Gruppe das Erreichen des selbstgesetzten Forschungsziels zufällig gerade noch in die Lebensspanne eines Großteils der befragten Wissenschaftler fällt?

Bei realistischer und nüchterner Betrachtung können wir auf Grundlage unseres heutigen Wissensstands nicht einmal mit Sicherheit sagen, ob künstliche Intelligenz jenseits der Automatisierung von klar umrissenen Aufgaben in stark eingeschränkten Domänen überhaupt möglich ist. Die Grundlage der Forschung an starker KI ist das bisherige Ausbleiben eines Unmöglichkeitsbeweises und, am Ende des Tages, eine nicht gerade kleine Portion Optimismus – jedoch keinesfalls die Sicherheit, dass das Forschungsziel überhaupt erreichbar ist. Natürlich sind Atari- und Go-spielende KI-Systeme beeindruckende Maschinen. Doch fest steht: Jedes dieser Systeme ist das Resultat jahrelanger hoch spezialisierter Ingenieursarbeit – und kann dennoch nur und ausschließlich mit Atari-Spielen beziehungsweise Go umgehen, es versteht weder Schach noch Mühle noch Backgammon. Ganz zu schweigen von den Sprachfähigkeiten eines vierjährigen Kindes oder der Ableitung, dass »Frankfurt liegt südlich von Hamburg« und »Stuttgart liegt südlich von Frankfurt« gleichzeitig auch »Stuttgart liegt südlich von Hamburg« bedeutet. Zwar gibt es Systeme, die auch jeweils eine dieser Fähigkeiten modellieren – allerdings dann erneut eben nur diese.

Der Ton macht die Musik. Leider weichen die neun Dirigenten des »Digitalen Manifests« mehr als einmal in der Interpretation des von ihnen gewählten Stücks fast schon fahrlässig vom tatsächlichen Notentext und der gemeinhin akzeptierten Aufführungspraxis ab.

Schon die Änderung des Stils zwischen der einsichtsvollen – wenn auch sehr idealistischen – »Strategie für das digitale Zeitalter«, also dem zweiten Teil des »Digitalen Manifests«, und dem Hauptteil »Digitale Demokratie statt Datendiktatur« erweist den neun Autoren und ihrem Anliegen einen Bärendienst. Der Ton des Haupttextes ist an vielen Stellen nicht mehr alarmierend, sondern alarmistisch – und verhindert damit genau die reflektierte und vernünftige Diskussion, welche die Verfasser anstreben. Dies ist umso überraschender, als alle Autoren ja Experten auf ihrem jeweiligen Gebiet sind und somit in vielen ihrer Beispiele und bei der Darstellung ihrer Positionen in gewissem Sinn nicht nur wider die Vernunft, sondern vermutlich in Teilen – wenn auch wahrscheinlich unbewusst – wider besseres Wissen handeln. Dass eine differenzierte Meinung zum Thema möglich ist, welche auf Grundlage der wissenschaftlichen Tatsachen bleibt und dennoch die Vorteile, Nachteile und Gefahren der digitalen Welt offen diskutiert, beweist beispielsweise Gerhard Weikum im »Eine Ethik für Nerds-Interview«.

Teil III

Privatsphäre, Transparenz
und Datensicherheit

Was ist uns unsere Privatsphäre wert?

Jaron Lanier

Wer große Datenmengen mit Supercomputern auswerten kann, verfügt über ungeahnte Macht. Liefern wir uns Staaten, Geheimdiensten und Konzernen aus, wenn wir unsere persönlichen Daten im Netz preisgeben? Überlegungen zu einer der heikelsten Fragen der digitalen Ära.

Auf einen Blick

Auswege aus dem Datendilemma?

1. Wie sollen wir im digitalen Zeitalter unsere Privatsphäre schützen? Auf diese Frage müssen wir eine überzeugende Antwort finden. Denn die Entscheidungen, die wir als Gesellschaft heute treffen, werden wir noch jahrzehntelang spüren.
2. Politiker diskutieren die Frage der Privatsphäre in der digitalen Welt meist unter Sicherheitsaspekten. Doch wir sollten uns nicht mit der Auskunft abspeisen lassen, dass ein Gewinn an Sicherheit notwendigerweise mit dem Verlust der Privatsphäre einhergeht.

© Springer-Verlag GmbH Deutschland 2017
C. Könneker (Hrsg.), *Unsere digitale Zukunft*, DOI 10.1007/978-3-662-53836-4_16

> 3. Ein möglicher Ausweg aus dem Dilemma könnte darin bestehen, dass man Informationen, die Internetnutzer über sich selbst veröffentlichen, einen kommerziellen Wert beimisst. Ausspähaktionen von Regierungen oder Unternehmen würden dadurch von vornherein beschränkt.

Will man Klarheit über ein komplexes oder schwer zu fassendes Thema erlangen, ist es für gewöhnlich ein guter Anfang, wenn man sich erst einmal auf die Tatsachen konzentriert. Im Zusammenhang mit der Privatsphäre werden uns diese allerdings vorenthalten. Denn die staatlichen oder privatwirtschaftlichen Akteure, die unsere Privatsphäre einschränken, möchten nicht, dass wir umgekehrt dasselbe tun. Die National Security Agency (NSA) zum Beispiel hat das volle Ausmaß ihrer umfangreichen elektronischen Überwachungstätigkeit lange verheimlicht. Selbst nach den Enthüllungen des ehemaligen NSA-Mitarbeiters Edward J. Snowden wissen wir nur ungefähr, was da vor sich geht.

Niemand besitzt einen vollständigen Überblick darüber, wer heute welche Daten über wen sammelt. Manche Organisationen wie die NSA wissen dramatisch mehr als irgendjemand sonst – aber selbst sie kennen nicht das ganze Spektrum der Algorithmen, mit deren Hilfe Privatunternehmen oder staatliche Stellen an persönliche Daten gelangen, und ebenso wenig das Spektrum der Zwecke, zu denen dies geschieht.

Bislang ist die Privatsphäre deshalb ein recht undurchsichtiges Thema, das wir nur in vorwissenschaftlicher Weise untersuchen können. Mehr als uns lieb sein mag, müssen wir uns auf Theorie, Philosophie, Selbstbeobachtung und Anekdoten verlassen – und darauf, wohin unser Nachdenken führt.

Was ist Privatsphäre?

Welcher Philosophie der Privatsphäre man anhängt, ist auch eine Frage des kulturellen Hintergrunds. Ich selbst bin in New Mexico aufgewachsen und verbrachte einmal einen Sommer bei einem Stamm der Puebloindianer. Mehr noch als durch Missionare, so klagten sie, sei ihrer Kultur durch Anthropologen Schaden zugefügt worden, denn diese hätten ihre Geheimnisse veröffentlicht. Andererseits war der Sohn des älteren Ehepaars, mit dem ich darüber sprach, selbst Anthropologe geworden. Früher einmal betraten chinesische Studenten in den USA Räume, ohne anzuklopfen; sie waren schlicht nicht in der Lage zu verstehen, warum das die dortigen Anstandsregeln verletzte. Inzwischen hat sich das verändert – ebenso wie China selbst.

Heutzutage heißt es gelegentlich, junge computerbegeisterte Leute sorgten sich weniger um den Schutz ihrer Privatsphäre als ältere. Ein älterer Mensch, der in einer Welt ohne Handys und tragbare Computer aufgewachsen ist, fühlt sich eher in seiner Privatsphäre verletzt, wenn sein Gegenüber eine am Kopf angebrachte Kamera trägt. Unternehmen wie Facebook werden kritisiert – oder gelobt –, weil sie junge Menschen dahingehend beeinflussen, die Arbeitsweise der NSA oder anderer Geheimdienste für unproblematisch zu halten. Die Bewegung, die sich in den USA am intensivsten »von unten« für den Schutz der Privatsphäre einsetzt, dürfte die der Schusswaffenbesitzer sein. Müssen sie sich erst einmal bei den Behörden melden, fürchten sie, könnte der Staat am Ende ihre Waffen konfiszieren.

Während unsere persönlichen Einstellungen gegenüber dem Schutz der Privatsphäre vielfältige Formen annehmen können, laufen politische Diskussionen zum Thema gewöhnlich auf die Erörterung von Zielkonflikten hinaus: Damit der

Staat terroristische Anschläge schon im Vorfeld verhindern kann, muss er in der Lage sein, jedermanns persönliche Daten zu analysieren – dann aber kann der Einzelne nicht zugleich Anspruch auf Privatsphäre und Sicherheit erheben. Zumindest wird das Problem oft so dargestellt.

Doch es wäre falsch, es auf die Frage eines Zielkonflikts zu reduzieren. Betrachtet man die Privatsphäre lediglich unter diesem Aspekt, wird sie am Ende unvermeidlich zu einem kulturell sanktionierten Fetisch stilisiert, zu einer Art Schmusedecke für Erwachsene. Oft wird gefragt: Wie viel Privatsphäre sind die Menschen bereit aufzugeben, um in den Genuss bestimmter Vorteile zu kommen? Eine Formulierung wie diese enthält implizit den Gedanken, jeder Wunsch nach Privatsphäre könnte lediglich ein Anachronismus sein, eine Art blinder Fleck auf der Netzhaut. Geradeso gut könnte man fragen, wie schlecht eine Medizin schmecken darf, damit der Patient sie zu trinken bereit ist, um von einer schweren Krankheit zu genesen. Auch diese Frage suggeriert, man solle doch nicht so empfindlich sein. Einer ähnlichen Logik folgt die Behauptung, dass Menschen, »wenn sie nur mehr miteinander teilen würden«, mehr Nutzen aus Onlinenetzwerken ziehen und größere Werte schaffen könnten.

Die Verlockung ist groß, unsere Gefühle gegenüber dem Schutz unserer Privatsphäre als irrelevant abzutun, weil sie subjektiv und schwer fassbar sind. Aber wäre es nicht durchaus wertvoll, wenn verschiedene Völker oder Kulturen jeweils eine unterschiedliche Praxis in dieser Hinsicht pflegten? Schließlich darf kulturelle Vielfalt als Wert an sich gelten. Wer das anders sieht, unterstellt, der Umgang mit Kultur, Denken und Information wäre bereits optimal und nicht mehr verbesserungsfähig – dass es nur eine richtige Einstellung zur Privatsphäre geben kann, welche das auch immer sein mag. Ein Ökologe käme niemals auf den Gedanken, die Evolution wäre zu ihrem Abschluss gelangt. Deshalb sollte vielleicht nicht jeder in das Korsett ein und derselben Informationsethik gepresst werden und die Freiheit haben, zwischen verschiedenen Graden des Schutzes seiner Privatsphäre zu wählen.

Privatsphäre als Macht

Im Informationszeitalter bedeutet Privatsphäre inzwischen ganz schlicht, dass bestimmte Informationen für manche zugänglich sind und für andere nicht. Es geht darum, wer ein höheres Maß an Kontrolle besitzt.

Information war immer schon ein wichtiges Instrument im Wettstreit um Reichtum und Macht. Inzwischen ist sie aber zum wichtigsten geworden. Als Maß für die Macht, die jemand besitzt, ist überlegenes Wissen heute nicht mehr so leicht etwa von Geld oder politischem Einfluss zu unterscheiden. Die bedeutendsten Aktivitäten der Finanzwelt sind zugleich auch diejenigen, bei denen Computer die wichtigste Rolle spielen; man denke an den Erfolg des Hochfrequenzhandels. Der massive Einsatz von Computern kam nicht nur einzelnen Firmen zugute, sondern hatte auch makroökonomische Auswirkungen, indem er den Finanzsektor eindrucksvoll vergrößerte. Unternehmen wie Google und Facebook verkaufen nichts anderes als eine digitalisierte Dienstleistung zur Effizienzsteigerung dessen, was wir immer noch »Werbung« nennen, obwohl dieser Ausdruck immer weniger mit Überredung oder Überzeugung durch Rhetorik und Stil zu tun hat. Werben heißt heute, direkten Einfluss darauf zu nehmen, welchen Informationen die Menschen ausgesetzt werden. Ganz ähnlich setzen moderne Wahlkämpfer zunehmend auf Computer, um Wähler zu identifizieren, die sich in der gewünschten Weise überzeugen lassen. Die Privatsphäre befindet sich im Zentrum des Machtgleichgewichts zwischen dem Einzelnen und dem Staat, sie wird von geschäftlichen ebenso wie politischen Interessen berührt.

Vermag der Einzelne seine Privatsphäre nicht zu schützen, bedeutet das unter solchen Umständen, dass er an Macht verliert. Die Aufgabe, unsere Privatsphäre zu schützen, hat darum entscheidende Bedeutung bekommen; für ihre Erfüllung fehlen aber den meisten Menschen die nötigen Kenntnisse. Wer weiß, wie er seine Privatsphäre schützen kann, genießt im Informationszeitalter größere Sicherheit (weil er zum Beispiel Identitätsdiebstahl verhindern kann). Deshalb haben technisch interessierte Menschen inzwischen gewisse Vorteile in der Gesellschaft – nicht nur auf dem Arbeitsmarkt, sondern auch im Privatleben.

Manche Cyberaktivisten sind der Ansicht, es sollte keine Geheimnisse mehr geben. Junge Technofreaks, die einerseits mit Begeisterung für das »Teilen« von Informationen eintreten, sind aber andererseits oft wie besessen davon, ihre eigene elektronische Kommunikation zu verschlüsseln und die Spybots zu blockieren, mit denen die meisten Websites infiziert sind. Ihre Vorgehensweise ähnelt der der größten Hightechunternehmen: Bei ihren Nutzern setzen sich Facebook und seine Mitbewerber für Offenheit und Transparenz ein; die Modelle aber, mit denen sie das Verhalten dieser Nutzer vorhersagen wollen, verstecken sie in tiefen Gewölben.

Die Zombie-Gefahr

Wir sind mit einer technischen Elite von ungewöhnlicher Gutmütigkeit geschlagen. Die meist jungen Chefs jener riesigen modernen Dienstleistungsbetriebe, die soziale Netzwerke und Suchmaschinen zur Verfügung stellen, verfolgen größtenteils gute Absichten, wie auch ihre Pendants in der Welt der

Intelligenz. Doch brauchen wir uns nur vorzustellen, dass aus diesen Technofreaks einmal verbitterte ältere Leute werden – oder dass sie ihre Imperien an künftige Generationen rechtmäßiger, aber ahnungsloser Erben übergeben. Es sollte nicht schwer sein, sich das in düsteren Farben auszumalen; solche Szenarien sind in der Geschichte der Menschheit alles andere als ungewöhnlich. Kennt man einige dieser netten Freaks, die in unserer computerzentrierten Welt so erfolgreich sind, mögen derartige Fantasien zwar herzlos erscheinen. Doch wenn wir die technologische Entwicklung auch nur ansatzweise voraussehen wollen, müssen wir uns nach Kräften bemühen, uns auch mit ihren möglichen Schattenseiten zu beschäftigen.

Hat jemand ausreichend persönliche Information über einen Menschen gesammelt und besitzt er überdies einen hinreichend leistungsfähigen Computer, könnte er hypothetisch das Denken und Tun dieses Menschen voraussagen und manipulieren. Die vernetzten Geräte von heute mögen dazu noch nicht ausreichen, aber die von morgen werden es. Stellen Sie sich also vor, eine zukünftige Generation hyperkomfortabler Verbraucherelektronik lässt sich wie ein kleines Pflaster auf Ihrem Nacken anbringen. Es stellt eine direkte Verbindung zu Ihrem Gehirn her und erkennt – noch bevor Sie sich bewusst sind, dass Sie überhaupt über diese Frage nachdenken –, dass Sie überlegen, welches der nahe gelegenen Cafés Sie aufsuchen wollen.

Viele Komponenten, derer es zur Realisierung einer solchen Dienstleistung bedarf, gibt es schon heute. In Laboratorien wie dem des Hirnforschers Jack Gallant an der University of California in Berkeley können Forscher erschließen, was eine Person sieht oder sich vorstellt oder gleich sagen wird, allein indem sie eine – allerdings höchst aufwändige – statistische Berechnung durchführen. Dafür unterzieht man die Person einer funktionalen Magnetresonanztomografie und korreliert die Daten mit früheren Messungen der Hirnaktivität. In gewisser Weise ist das Gedankenlesen auf statistischer Grundlage also schon Realität.

Nehmen wir einmal an, Sie tragen gerade diesen hyperkomfortablen Apparat und werden sich gleich entschließen, in ein Café zu gehen, ohne dass Sie das aber bereits wissen. Nehmen wir weiter an, ein Facebook Inc. oder eine NSA der Zukunft hätten Zugang zu diesem Gerät und außerdem noch ein Interesse, Sie von Café A fernzuhalten und stattdessen in Café B zu lenken. Kurz bevor Sie an Café A denken, schickt Ihnen Ihr Chef eine unangenehme Nachricht, die über ein Head-up-Display in Ihrem Blickfeld erscheint. Sie sind abgelenkt, haben Stress, und der Gedanke, in Café A zu gehen, kommt Ihnen gar nicht erst in den Sinn. Unterdessen löst aber Ihr Gedanke an Café B einen Tweet von jemandem aus, der Ihnen auf einer Datingseite Hoffnungen gemacht hat. Ihre Stimmung hellt sich auf. Der Besuch von Café B erscheint plötzlich als großartige Idee. Sie sind Opfer einer neopawlowschen Manipulation geworden, die in einem vollkommen vorbewussten Bereich stattgefunden hat.

Der entscheidende Punkt dieses Gedankenexperiments, das in der Sciencefiction auf eine lange Tradition zurückblickt: Die Fähigkeit, jemandes Bewusstsein zu kontrollieren, lässt sich durch den Einsatz von Computern und statistischen Methoden sehr effektiv simulieren. Es ist nicht ausgeschlossen, dass ein System cloudgestützter Empfehlungsmaschinen, die wir immer näher am Körper mit uns herumtragen, uns in wenigen Jahren dem beschriebenen Szenario erheblich näher bringen wird.

Die Plage der Inkompetenz

Wenn Romanautoren uns mit einer Sciencefiction-Geschichte in ihren Bann ziehen und vor düsteren kommenden

Entwicklungen warnen wollen, erfinden sie gern einen bösartigen Schurken, der seine Macht ins Unermessliche steigert. Ein wahrscheinlicheres Szenario, das sich in Vorformen zudem bereits abzeichnet, hat hingegen weniger mit bösartigen Plänen hyperkompetenter Schurken zu tun als vielmehr mit einer diffusen Plage: der Inkompetenz.

In solch einem Szenario setzt eine Einrichtung – oder auch eine Branche – auf der Suche nach Einnahmequellen gewaltige finanzielle Mittel für die algorithmische Manipulation der Massen ein. Ihr Profitstreben wäre anfangs tatsächlich erfolgreich, würde aber langfristig zu einer absurden Entwicklung führen. So etwas haben wir bereits erlebt! Man denke nur an die gewaltigen statistischen Berechnungen, die es amerikanischen Krankenversicherungen ermöglichten, Kunden mit hohen Gesundheitsrisiken auszuschließen. Die Strategie war zunächst durchaus erfolgreich – bis die Zahl von Menschen ohne Krankenversicherung auf ein inakzeptables Maß stieg. Die Gesellschaft konnte den Erfolg des Plans nicht mehr auffangen. Tatsächlich scheint die algorithmisch vorangetriebene Zerstörung der Privatsphäre, eingesetzt als Mittel auf dem Weg zu Reichtum und Macht, stets in massiven Problemen dieser Art zu enden.

Ein weiteres Beispiel liefert das moderne Finanzsystem. Strategien, die auf umfangreichen statistischen Berechnungen basieren, sind anfangs oft erfolgreich. Mit genügend Daten und leistungsstarken Computerprogrammen ist es möglich, die zukünftige Entwicklung eines Wertpapiers, das Verhalten eines Menschen und den Zeitverlauf überhaupt jedes Phänomens vorauszusehen, das keinen allzu großen Schwankungen unterliegt – allerdings nur eine Zeitlang. Am Ende scheitern aber alle Big-Data-Strategien; aus dem einfachen Grund, weil Statistik allein die Wirklichkeit nur bruchstückhaft abzubilden vermag.

Bis zum Beginn des 21. Jahrhunderts basierten Big-Data-Ansätze der Finanzwirtschaft nicht darauf, dass man in die Privatsphäre einzelner Menschen einbrach, indem man zum Beispiel ihr Verhalten modellierte und sie dann mit unsinnigen Hypotheken- oder Kreditangeboten überhäufte. Bis dahin war alles etwas abstrakter. Man modellierte die Entwicklung von Wertpapieren und überließ es automatischen Verfahren, die Portfolien der Investoren zu managen. Ob man dabei verstand, wie die Konsequenzen dieser Vorgehensweise in die reale Welt hineinreichten, oder nicht, spielte keinerlei Rolle.

Der in Greenwich, Connecticut, beheimatete Hedgefonds Long-Term Capital Management war ein frühes Beispiel dafür. Das Wachstum und der Erfolg des Unternehmens waren spektakulär, bis es 1998 an den Rand des Zusammenbruchs geriet und mit gewaltigen öffentlichen Mitteln gerettet wurde. Im Hochfrequenzhandel greift man dieses Muster heute wieder auf, mit noch mehr Daten und noch schnelleren Computern.

Inzwischen basieren die hochautomatisierten Transaktionen in der Finanzwirtschaft jedoch häufig darauf, die Privatsphäre in vergleichbarem Maß aufzulösen, wie das im Bereich der Spionage oder bei kommerziellen Onlineangeboten für Endverbraucher zu beobachten ist. Die mit Hypotheken unterlegten Finanzwerte, die zu der weltweiten Finanzkrise vor einigen Jahren führten, kombinierten schließlich beides: automatisierte Handelssysteme mit der vielfachen Verletzung der Privatsphäre. Es kam zu einer erneuten staatlichen Rettungsaktion globalen Ausmaßes, der in der Zukunft ohne jeden Zweifel viele weitere folgen werden.

Diese Geschichte erzählt ganz offensichtlich nicht von einer ultrakompetenten Elite auf dem Weg zur Weltherrschaft. Sie zeigt vielmehr, dass jeder von uns – einschließlich der erfolgreichsten Betreiber riesiger Cloud-Dienste – Schwierigkeiten hat zu begreifen, was da eigentlich geschieht. Verletzt man die Privatsphäre aller anderen und wertet die Daten unter massivem Computereinsatz aus, funktioniert das anfangs, und es können riesige Vermögen entstehen – aber am Ende scheitert eine solche Strategie. Dass sie zu gewaltigen Finanzkrisen führen kann, wissen wir bereits. Wenn es in Zukunft jemand schafft, mittels noch schnellerer Computer und noch mehr Daten das Verhalten der Bevölkerung besser vorherzusagen und zu manipulieren als alle seine Konkurrenten, könnten die Folgen noch weitaus dramatischer sein.

Big Data – das wahre Ausmaß

Wer Dienstleistungen verkauft, die auf der Sammlung und Analyse von Informationen über eine gewaltige Zahl anderer Menschen beruhen, versteigt sich vielfach zu einer dummen und ins Extreme gesteigerten Prahlerei. Sie lautet sinngemäß etwa so: »Irgendwann in nächster Zukunft und vielleicht schon morgen werden Riesencomputer in der Lage sein, das Verhalten von Verbrauchern so gut vorherzusagen und sie so zielgenau anzusprechen, dass wir so einfach Geschäfte machen, wie man einen Schalter umlegt. Unsere Großcomputer werden das Geld anziehen wie ein Magnet Eisenspäne.«

Ich war einmal dabei, als ein Start-up-Unternehmen in Silicon Valley einen der Big Player für sich zu gewinnen hoffte. Es stellte die Behauptung auf, es könne allein dadurch den Menstruationszyklus einer Frau bestimmen, dass es die von ihr angeklickten Links analysiere. Mit Hilfe dieser Informationen könne man der Frau dann Modeartikel und Kosmetika verkaufen, und zwar innerhalb eines Zeitfensters, in dem sie für entsprechende Angebote besonders anfällig sei. Dieses Verfahren mag ein Stück weit funktionieren. Doch da es ausschließlich auf Statistik basiert, aber nicht auf einer wissenschaftlichen Theorie, kann man unmöglich wissen, bis zu welchem Punkt es funktioniert.

Auch wenn eine staatliche Stelle – oder eher noch ein Privatunternehmen, das in ihrem Auftrag handelt – ein System propagiert, das Informationen über Bürger sammelt, liegen großspurige Versprechungen nicht fern. Es heißt dann, man müsse nur die ganze Welt beobachten und analysieren, um Verbrecher oder Terroristen aufzuspüren, bevor sie zuschlagen. Die Terminologie solcher Projekte, in der Begriffe wie »Total Information Awareness« (etwa: »totales Informationsbewusstsein«) eine Rolle spielen, verrät den Wunsch nach der Perspektive eines allsehenden gottähnlichen Wesens.

Sciencefiction-Erzählungen handeln schon seit Jahrzehnten von solchen Entwicklungen. Ein Beispiel ist die so genannte »Precrime-Einheit« im Spielfilm »Minority Report«. Der Film basiert auf einer 1956 erschienenen Kurzgeschichte von Philip K. Dick, und ich habe vor vielen Jahren zum Brainstorming für den Plot beigetragen. Die Precrime-Einheit spürt Kriminelle auf, bevor sie eine Chance haben, ihre Tat auszuführen. Aber – das sei hier deutlich gesagt – das ist nicht, was Systeme zur Sammlung und Auswertung von Daten heute tun.

Die Schöpfer solcher Systeme hoffen, Metadaten – also Daten über Daten – könnten eines Tages die Grundlage für eine Megaversion jener Algorithmen bilden, die zu raten versuchen, was Sie gerade in Ihr Smartphone eintippen wollen.

Bei einer solchen so genannten automatischen Vervollständigung werden Lücken in den Daten durch statistische Berechnungen gefüllt. Auf ähnliche Weise soll die Auswertung von Metadaten einer kriminellen Vereinigung zu neuen, bislang unbekannten Schlüsselpersonen führen.

Belege dafür, dass die Suche in Metadaten tatsächlich einen Terroranschlag verhindert hätte, gibt es aber bislang nicht. In allen Fällen, die uns bekannt sind, waren es letztlich besondere Leistungen menschlicher Intelligenz, die zu zielgerichteten Ermittlungen und zu Verdächtigen führten. In den Äußerungen von Verantwortlichen privater oder staatlicher Cloud-Großprojekte schwingt mittlerweile oft mit, dass die Ansprüche längst nicht mehr so hochgeschraubt werden. Gibt es erste Hinweise auf mögliche Terroranschläge, lassen sich Informationen tatsächlich schneller miteinander verknüpfen, wenn eine gut gefüllte Datenbank zur Verfügung steht. Aber die Datenbank allein findet die Hinweise nicht.

Ein heute sehr beliebter Taschenspielertrick ist die nachträgliche Analyse historischer Ereignisse. Auf diese Weise soll nachgewiesen werden, dass Big Data wichtige Teilnehmer einer Verschwörung aufgespürt hätte, bevor sie zur Ausführung gelangt wäre. Ein Beispiel dreht sich um den amerikanischen Freiheitskämpfer Paul Revere, der vor dem Amerikanischen Unabhängigkeitskrieg Mitglied in diversen Organisationen war. Der Soziologe Shin-Kap Han von der Nationalen Universität in Seoul hat gezeigt, dass die Analyse eines relativ kleinen Bestands von Daten zu Mitgliedern dieser Organisationen Paul Revere als ihre einzige Verbindungsperson ausweist. Unabhängig davon und unter Verwendung eines etwas anderen Datenbestands kam der Soziologe Kieran Healy von der Duke University im US-Bundesstaat North Carolina kürzlich zu ähnlichen Ergebnissen.

Solche Ergebnisse sprechen eigentlich dafür, dass man Metadaten einsetzen sollte, wenn es um die öffentliche Sicherheit geht. Paul Revere befand sich eindeutig in einer besonderen Position, die als Dreh- und Angelpunkt fungieren konnte. Doch als Dreh- und Angelpunkt wofür? Ohne den historischen Kontext wüssten wir nicht, was das gewesen sein mag. Eine zentrale Stellung dieser Art könnte auch derjenige innehaben, der das beste Bier beschaffen kann. Metadaten haben nur dann eine Bedeutung, wenn sie durch zusätzliche Informationsquellen in einen Zusammenhang gestellt werden. Statistik und Graphenanalyse sind kein Ersatz für Verständnis, auch wenn das erst einmal so scheinen mag.

Big Data und die zugehörigen statistischen Verfahren lassen die Illusion einer Maschine entstehen, die automatisiert für Sicherheit sorgt – ähnlich wie man an der Wall Street der Illusion einer Maschine verfallen ist, die Reichtum garantiert. Unglaubliche Mengen an Daten über unser Privatleben werden gespeichert, analysiert und zur Grundlage von Handlungen gemacht, bevor überhaupt belegt ist, dass dies irgendeinen vernünftigen Nutzen mit sich bringt.

Die Software ist das Gesetz

»Das Internet und die vielen neuen, darüber miteinander kommunizierenden Geräte werden die Privatsphäre obsolet machen.« Behauptungen wie diese sind oft zu hören, treffen aber nicht notwendigerweise zu. Denn Informationstechnologie wird nicht entdeckt, sondern geschaffen.

Man kann die Architektur eines Netzwerks nur noch schwer verändern, wenn es bereits viele Menschen und Computer miteinander verbindet. Sie ist dann gleichsam »festgeschrieben«, »locked in«. Der Begriff dessen, was wir in den digitalen Netzen als unsere Privatsphäre ansehen, ist aber weiterhin formbar. Wir haben immer noch die Möglichkeit, zu wählen, was wir wollen. Sobald wir von den großen Zielkonflikten zwischen Privatsphäre und Sicherheit oder zwischen Privatsphäre und Bequemlichkeit sprechen, klingt das zwar, als wären diese Konflikte unausweichlich. Doch dabei würden wir die wichtigste Eigenschaft der Computer ignorieren: Sie sind programmierbar.

Weil Software das Mittel ist, mit dessen Hilfe Menschen Verbindung zueinander aufnehmen und Dinge ins Rollen bringen, ist alles erlaubt, was die Software erlaubt, und unmöglich, was sie nicht kann. Das gilt insbesondere für den Staat. Im Rahmen des Affordable Care Act, auch Obamacare genannt, sollen Raucher in manchen US-Bundesstaaten höhere Krankenversicherungsbeiträge zahlen als Nichtraucher. Doch das bleibt vorerst Theorie, denn die Software, mit der die neuen gesetzlichen Regelungen zur Finanzierung des US-Gesundheitssystems umgesetzt werden sollen, bietet keine Möglichkeit, Raucher in dieser Weise zu bestrafen. Die vorgesehene Strafzahlung wird also warten müssen, bis die Software eines Tages umgeschrieben wird. Was immer man über das Gesetz denken mag: Es ist die Software, die bestimmt, was tatsächlich geschieht.

Dieses Beispiel verweist auf ein umfassenderes Problem. Softwarefehler, ob sie nun mit Obamacare oder mit irgendeinem anderen Projekt von gesellschaftlicher Relevanz zusammenhängen, könnten die Bürger nachhaltiger beeinflussen, als es die Absichten der Politiker vermögen.

Wie sollen wir die Zukunft konstruieren, wenn wir gar nicht wissen, was wir tun?

Wie kann man Nutzen aus Big Data ziehen, ohne allzu viele Kollateralschäden in Form von Verletzungen der Privatsphäre anzurichten? Zur Beantwortung dieser Frage haben sich zwei Hauptdenkschulen entwickelt. Die eine zielt auf neue Regulierungen und ihre Durchsetzung. Die andere setzt sich für universelle Transparenz ein: Jeder soll Zugang zu allen Daten und niemand einen ungerechtfertigten Vorteil haben. Diese beiden Bemühungen weisen größtenteils in einander genau entgegengesetzte Richtungen.

Das Problem neuer, die Privatsphäre betreffenden Regulierungen liegt darin, dass sie wahrscheinlich nicht befolgt werden. Big-Data-Statistik entwickelt sich zur Sucht, und in diesem Fall ähnelt das Aufstellen von Regeln dem Verbot von Drogen oder Alkohol. Entmutigenderweise deuten die periodischen Lecks, wie sie bei der NSA auftreten, darauf hin, dass sogar die von der Organisation selbst aufgestellten geheimen Regeln und Regulierungen nutzlos sind. So missbrauchten Angestellte der NSA ihre Ausspähmöglichkeiten gelegentlich für ihr Liebesleben. Trotzdem könnten neue Regeln und mehr Kontrolle natürlich von einigem Vorteil sein.

Wie aber steht es um den entgegengesetzten Gedanken, nämlich für größere Offenheit von Daten zu sorgen? Hier spielt nicht nur der Zugang zu Daten eine Rolle. Wichtiger sind die zu ihrer Analyse eingesetzten Computer. Allerdings wird aber immer irgendjemand die leistungsfähigeren Rechner haben, und das sind höchstwahrscheinlich nicht Sie. Offenheit für sich allein genommen vergrößert nur das Problem, indem sie den Anreiz verstärkt, sich die größten Computer ins Rechenzentrum zu stellen.

Treiben wir das Ideal der Offenheit einmal logisch auf die Spitze. Nehmen wir an, morgen veröffentlicht die NSA die Passwörter für all ihre internen Server und Zugänge; jeder könnte Einsicht nehmen. Hocherfreut würden Google und seine Konkurrenten die riesigen Datenbestände unverzüglich aufnehmen, indizieren und analysieren; viel besser, als Sie es könnten. Anschließend könnten sie ihre Analyseergebnisse für ein Vermögen an jene verkaufen, die damit die Welt zu ihrem eigenen Vorteil manipulieren wollen. Man erinnere sich: Rohdaten allein bedeuten noch keine Macht. Macht hat erst, wer Big Data in Verbindung mit den schnellsten Computern nutzt, also mit jenen Supercomputern, die eben in der Regel nicht Ihnen, sondern jemand anderem gehören.

Gibt es eine dritte Alternative? Es herrscht nahezu allgemein die Ansicht, dass Information in kommerziellem Sinn frei sein sollte. Man sollte nicht dafür zahlen müssen. Dies hat zum Beispiel den riesigen Internetkonzernen im Silicon Valley ihr schnelles Wachstum ermöglicht. Es lohnt sich aber, diese orthodoxe Lehre zu überdenken. Wenn wir zulassen, dass Information kommerziellen Wert besitzt, könnte das unsere Situation klären helfen und zugleich wieder mehr Individualität, Diversität und Nuancen in die Debatte über die Privatsphäre bringen.

Falls der Einzelne für die Nutzung der auf seine Person bezogenen Information bezahlt werden müsste, wäre nämlich die Errichtung gewaltiger – und zum Scheitern verurteilter – Big-Data-Systeme möglicherweise nicht mehr erstrebenswert. Ein solches System müsste Einkünfte erzielen, indem es zusätzliche Werte schafft, anstatt Informationen, die einzelnen Menschen gehören, gegen diese zu verwenden.

Dieses Konzept erkunde ich gegenwärtig in Zusammenarbeit mit dem Ökonomen W. Brian Arthur vom Palo Alto Research Center in Kalifornien und dem Santa Fe Institute in New Mexico sowie mit Eric Huang, Doktorand an der Stanford University. Huang hat analysiert, wie es die Arbeit von Versicherungen beeinflussen würde, wenn Information einen Preis hätte. Einfache Antworten lassen die Ergebnisse zwar nicht zu, aber es zeigt sich ein allgemeines Muster, wonach Versicherungsgesellschaften sich nicht mehr so leicht die Rosinen herauspicken könnten, wenn sie Menschen für ihre Daten bezahlen müssten – mit der Folge, dass sie auch solche Kunden aufnähmen, die sie sonst ausschlössen. Dabei geht es nicht um eine Umverteilung von den Großen zu den Kleinen. Vielmehr handelt es sich um eine Win-win-Situation, in der es dank der ökonomischen Stabilität und des Wachstums allen besser geht. Und während die Zahl staatlicher Prüfer nie ausreichen würde, um sicherzustellen, dass Gesetze zum Schutz der Privatsphäre auch eingehalten werden, könnte genau diejenige Armee privater Angestellter, die schon heute für die Funktionsfähigkeit der Märkte sorgt, das wahrscheinlich gewährleisten.

Wird Information als etwas behandelt, das kommerziellen Wert besitzt, könnten wir mit der Privatsphäre verbundene Dilemmata lösen, die ansonsten kaum entscheidbar wären. Heute ist es schwer, ohne technische Kenntnisse für angemessenen Schutz seiner Privatsphäre zu sorgen. Zwar kann man sich dagegen entscheiden, einem sozialen Netzwerk überhaupt erst beizutreten. Tut man es aber, wird man die passenden Einstellungen zum Schutz seiner Privatsphäre möglicherweise nur mit Mühe treffen können. In einer Welt, in der Daten einen Preis haben, wäre es dagegen möglich, diesen Preis auszuhandeln. Durch Festlegung einer einzigen Zahl könnte also jeder das für ihn passende Maß finden.

Jemand, der an seinem Kopf eine Kamera befestigt hat, möchte ein Bild von Ihnen aufnehmen? Rein technisch gesehen kann er das ohne Weiteres. Aber den darüber hinausgehenden Fall, dass er sich das Bild auch anschauen oder irgendetwas damit *tun* möchte, könnte man mit prohibitiven Kosten belegen. Dem Einzelnen mag zwar der eine oder andere Vorteil entgehen, wenn er den Preis für seine Daten zu hoch ansetzt. Doch wäre dies ein Weg, auf dem sich kulturelle Vielfalt selbst dann durchsetzen könnte, wenn die Welt um uns mit vernetzten Sensoren gespickt wäre.

Die Sache hat auch einen politischen Aspekt. Ist Information frei, kann der Staat sich durch das Ausspähen seiner Bürger unbegrenzt finanzieren – die Bürger haben dann keinen Einfluss mehr auf die Einkünfte des Staats und können die staatlichen Aktivitäten nicht mehr beschränken. Erhält Information dagegen einen Preis, können die Bürger einfach durch dessen Festlegung bestimmen, wie viel Ausspähen der Staat sich leisten kann.

Die Idee der bezahlten Information kann ich hier natürlich nur in aller Kürze und in groben Umrissen skizzieren. Aber selbst wenn ich noch über viele Seiten hinweg fortfahren würde, blieben zahlreiche Fragen offen. Dasselbe gilt jedoch auch für die Alternativen. Kein Ansatz zur Lösung des Dilemmas der Privatsphäre im Zeitalter von Big Data kann gegenwärtig als ausgereift gelten, weder radikale Offenheit noch neue Regulierungen.

Viele Ideen liegen auf dem Tisch, und es ist ein äußerst lohnenswertes Unterfangen, sie sorgfältig zu prüfen. Bei der Entwicklung von Netzwerksoftware sollten Programmierer daher möglichst große Freiräume offen halten, gleichgültig, ob wir sie schließlich nutzen wollen oder nicht. Denn die Umsetzung künftiger Konzeptionen – mögen sie nun bezahlte Information, verstärkte Regulierung oder universelle Offenheit in den Vordergrund rücken –, sollten nicht an der Software scheitern. Wenn irgend möglich, dürfen wir nichts ausschließen.

Big Data konfrontiert uns mit einer schwierigen Situation, wie sie uns mit dem weiteren technischen Fortschritt immer häufiger begegnen wird. Doch unsere Welt kann mit Hilfe von Big Data auch gesünder, effizienter und nachhaltiger werden. Diese Chancen dürfen wir nicht vertun. Wir müssen uns aber klar machen, dass wir nicht genug wissen, um alles auf Anhieb richtig zu machen. Wir müssen lernen, so zu handeln, als wäre unsere Arbeit stets nur ein erster Entwurf, und alles zu tun, um sie nachträglich abändern und vielleicht sogar radikal anders konzipieren zu können.

Literaturtipps

- **Arthur, W. B.:** The Nature of Technology: What It Is and How It Evolves. Free Press, 2009.
  Ein Ökonom und Komplexitätstheoretiker wendet Darwins Ideen auf die Evolution von Technologie an.
- **Lanier, J.:** Warum die Zukunft uns noch braucht. Suhrkamp, Berlin 2010.
  In seiner Kritik am Web 2.0 macht Lanier Vorschläge, wie wir die Zukunft besser gestalten könnten.
- **Lanier, J.:** Wem gehört die Zukunft? Hoffmann und Campe, Hamburg 2014.
  Nicht nur die Konzerne sollen am Netz verdienen, fordert der Autor in seiner viel gepriesenen Analyse der Internetökonomie.

Schützt die NSA vor sich selbst!

Alex »Sandy« Pentland

In nie gekanntem Ausmaß sammeln Geheimdienste Informationen. In der allgemeinen Entrüstung gehen die technologischen Aspekte des Skandals unter. Wie gehen wir richtig mit riesigen Datenmengen um?

Auf einen Blick

Datenkraken in die Schranken weisen

1. Firmen und Behörden haben ein legitimes Interesse an Daten über menschliches Verhalten ebenso wie Einzelpersonen an der Erhaltung ihrer Privatsphäre.
2. Zwei Verfahren helfen gegen den Missbrauch großer Daten-mengen: Daten nicht in einer einzigen großen Sammlung (»Heuhaufen«) zusammenführen; und überwachbare Protokolle zum Datenverkehr und zu Zugriffsberechtigungen etablieren.
3. Angesichts des rapiden technischen Fortschritts können alle derartigen Maßnahmen nur vorläufig sein.

© Springer-Verlag GmbH Deutschland 2017
C. Könneker (Hrsg.), *Unsere digitale Zukunft*, DOI 10.1007/978-3-662-53836-4_17

In den ersten Jahrzehnten ihres Bestehens hatte die National Security Agency (NSA) eine klar abgegrenzte Hauptaufgabe: die Sowjetunion im Auge zu behalten. Der Feind war eindeutig definiert, man wusste recht genau, wer dazugehörte und wer nicht, und die technischen Mittel beschränkten sich im Wesentlichen auf Spionageflugzeuge, versteckte Mikrofone (Wanzen) und das Abhören von Telefongesprächen.

Spätestens mit den Anschlägen des 11. September 2001 wurde alles ganz anders. An die Stelle eines identifizierbaren Hauptschurken war ein diffuses Netz aus einzelnen Terroristen getreten. Jeder Mensch auf der Welt war im Prinzip verdächtig und damit ein potenzielles Spionageziel. Zugleich musste sich das Handwerkszeug den neuen Kommunikationsmöglichkeiten anpassen. Dem rapide anschwellenden Datenverkehr über das Internet, vor allem mit mobilen Geräten, standen die klassischen Techniken hilflos gegenüber.

Daraufhin verschrieb sich die NSA einer neuen Strategie: alles sammeln. Keith Alexander, bis zum Frühjahr dieses Jahres Direktor der Agency, hat das in einem viel zitierten Ausspruch so auf den Punkt gebracht: »Wer eine Nadel im Heuhaufen finden will, braucht den ganzen Heuhaufen.« Als Erstes sammelte die NSA Verbindungsdaten von praktisch jedem Telefongespräch innerhalb der USA, wenig später erfasste sie fast vollständig große Datenströme im Internet, aufgeschlüsselt nach Internetadressen außerhalb des eigenen Landes. Nach kurzer Zeit war der Datenstrom derart angeschwollen, dass alle zwei Stunden so viel Material zusammenkommt wie bei einer kompletten Volkszählung.

Diesen gigantischen Heuhaufen lagerte die NSA an der üblichen Stelle: in ihren eigenen, hoch gesicherten Anlagen – mit unbeabsichtigten Nebeneffekten. Für jeden NSA-Analysten waren die persönlichen Daten fast aller Erdbewohner nur einen Tastendruck entfernt. Obendrein hat sich die NSA durch die gewaltige Konzentration an Daten verwundbarer gemacht als je zuvor. Nur durch sie konnte ein externer Mitarbeiter der NSA namens Edward Snowden Tausende geheimer Dateien von einem Server in Hawaii herunterladen, nach Hongkong fliegen und die Dokumente der Presse übergeben – aus Gewissensgründen.

Es ist nicht grundsätzlich illegitim, Daten über menschliches Verhalten zu sammeln. Regierungen und Industrieunternehmen sind zum Beispiel auf die Ergebnisse von Volkszählungen angewiesen. Aber dass eine Geheimorganisation Informationen über ganze Bevölkerungen anhäuft, in abgeschotteten Serverfarmen speichert und praktisch ohne jede Kontrolle verarbeitet, geht auch qualitativ über alles bisher Dagewesene hinaus. Kein Wunder, dass Snowdens Enthüllungen eine heftige öffentliche Debatte auslösten.

Bislang konzentrieren sich die Kommentare zu den Datensammelaktivitäten der NSA auf die politischen und die ethischen Aspekte. Die strukturelle und technische Seite der Sache ist dagegen weit weniger beachtet worden. Der regierungsamtliche Umgang mit großen Datenmengen (Big Data) ist nicht nur juristisch und politisch höchst problematisch, sondern auch unzweckmäßig. Darüber hinaus hinkt er dem technischen Fortschritt weit hinterher. Wie kann das Regierungshandeln mit der Technologie Schritt halten? Darauf gibt es keine einfache Antwort, aber immerhin ein paar elementare Prinzipien, die als Leitlinien dienen können.

Schritt 1: Viele kleine Heuhaufen statt eines großen

Die Aussage von Keith Alexander ist sachlich falsch. Man braucht nicht den ganzen Heuhaufen, um die Nadel darin zu finden. Es genügt, wenn man jeden Teil desselben inspizieren kann. Daten massenhaft an einer einzigen Stelle zu speichern, ist nicht nur unnötig, sondern sogar gefährlich – für die Ausspäher wie für die Ausgespähten. Regierungen müssen mehr verheerende Lecks befürchten – und jeder Einzelne Verletzungen seiner Privatsphäre in beispiellosem Ausmaß.

Big Data ist in den Händen der Regierung viel zu stark konzentriert worden; das ist die Lehre aus den Snowden-Enthüllungen. Die NSA und vergleichbare Organisationen sollten große Datensammlungen jeweils bei der Organisation belassen, die sie erstellt hat, unter deren Aufsicht und mit deren jeweils eigener Verschlüsselung. Daten verschiedener Art sollten räumlich getrennt gespeichert werden: Bankdaten in der einen Datenbank, Patientenakten in einer anderen und so weiter. Darüber hinaus sollten generell Informationen über Einzelpersonen getrennt von Daten anderer Art gespeichert und beaufsichtigt werden. Die NSA oder jede andere Stelle, die einen guten, legalen Grund vorweisen kann, wird nach wie vor jeden Teil dieses weit verstreuten Heuhaufens einsehen dürfen; sie wird nur nicht mehr den ganzen Haufen in einer einzigen Serverfarm verfügbar halten.

Dieses Ziel ist nicht einmal besonders schwer zu erreichen. Es genügt, wenn die Telefongesellschaften und die Internetanbieter ihre Daten ab einem gewissen Zeitpunkt nicht mehr herausrücken. Man muss die NSA nicht anweisen, das zu löschen, was sie in ihren Speichern hat (es wäre ohnehin kaum nachzuprüfen, ob sie es wirklich tut); denn schon nach wenigen Monaten sind derartige Daten nur noch von historischem Interesse, desgleichen die zugehörige Software.

Dass die NSA ihre Datensammelei aufgibt, scheint derzeit kaum vorstellbar – und sie wird es mit großer Sicherheit nur tun, wenn ein Gesetz oder eine Anordnung des amerikanischen Präsidenten sie dazu zwingt –; aber es wäre in ihrem eigenen Interesse. Wahrscheinlich weiß die NSA das selbst; zumindest wurde sie von hoher Stelle auf ihre Verwundbarkeit hingewiesen. Auf dem letztjährigen Aspen Security Forum, einer hochrangig besetzten Sicherheitstagung, benannte Ashton B. Carter, damals stellvertretender Verteidigungsminister, die Gründe, warum Snowden überhaupt solche Mengen an Daten an die Öffentlichkeit bringen konnte. »Dieses Versagen geht auf zwei Praktiken zurück, die wir abschaffen müssen ... Eine sehr große Menge an Information war an einer einzigen Stelle konzentriert. Das ist ein Fehler.« Und zweitens »gab es eine Einzelperson, die sehr weit gehende Rechte hatte, diese Information abzurufen und zu transportieren. Das sollte auch nicht sein.« Datenbanken, die auf verschiedenen Computersystemen mit je eigener Verschlüsselung liegen, würden nicht nur eine Aktion wie die von Snowden enorm erschweren, sondern auch einen Angriff von außen. In jedem Fall würde eine Attacke allenfalls einen begrenzten Teil des gesamten Datenbestands treffen. Selbst autoritäre Regierungen sollten ein Interesse daran haben, ihre Daten in kleinen Portionen über das Land zu streuen; das erschwert Staatsstreiche von Seiten des eigenen Regierungsapparats.

Soweit die Perspektive der Regierung; aber wie kann die verstreute Lagerung von Daten die Privatsphäre des Einzelnen schützen? Die Antwort lautet: indem sie die Muster der Kommunikation zwischen Datenbanken und Abfragern sichtbar und nachverfolgbar macht. Jede Art der Datenanalyse, sei es die Suche nach einer Einzelperson oder eine statistische Auswertung, löst ein charakteristisches Muster von Anfragen an Datenbanken und deren Antworten aus. Diese »Signatur« kann ein Beobachter des Internetverkehrs erkennen und daraus zumindest gewisse Schlüsse ziehen – ohne über den Inhalt dieser Kommunikationen etwas zu erfahren.

Telefonverbindungsdaten werden gelegentlich als Metadaten bezeichnet: Daten über Daten, wobei die eigentlichen Daten, die Inhalte der Gespräche, im Verborgenen bleiben. Wenn also die NSA von ihren externen Partnern solche Metadaten über, sagen wir, eine namentlich benannte Person einholt, dann besteht das dadurch ausgelöste Frage-und-Antwort-Spiel aus »Metadaten über Metadaten«.

Eine Analogie mag hilfreich sein. In alten Zeiten, als Angehörige eines Betriebs noch auf echtem Papier schriftlich miteinander verkehrten, konnte das Muster der internen Kommunikation dem Büroboten auffallen, ohne dass er den Inhalt der internen Briefe kennen musste. Ähnliches gilt für jeden, der nur beobachtet, wer wem wann eine E-Mail schreibt. Wenn zum Beispiel ein Mensch im Personalbüro bemerkt, dass die Finanzbuchhaltung ungewöhnlich viele Daten über krankheitsbedingte Fehlzeiten abruft, kann er die Kollegen dort zur Rede stellen.

Wird in entsprechender Weise die Übermittlung großer Datenmengen übers Internet so organisiert, dass dabei Metadaten über Metadaten anfallen, bleibt das Treiben der NSA zumindest nicht unbemerkt. Telefongesellschaften können nachvollziehen, nach wem sie ausgeforscht werden. Unabhängige Beobachter, insbesondere die Presse, würden mit Hilfe dieser Daten die Rolle eines Wachhunds der NSA übernehmen. Mit Metadaten über Metadaten kann man der NSA mit ihren eigenen Waffen begegnen.

Schritt 2: Geschützte Verbindungen etablieren

Das Sammeln zu unterbinden, ist die eine Maßnahme zur Rettung der Privatsphäre in der allgemeinen Datenflut. Gar nicht erst Gelegenheit zum Sammeln zu geben, lautet die andere, und die ist nicht weniger wichtig. Es geht darum, unsere persönlichen Informationen im Speicher und bei der Übertragung durch Verschlüsselung abzusichern. Ohne einen derartigen Schutz lassen sich Daten mit Leichtigkeit absaugen, ohne dass jemand es merkt. Das gilt umso mehr, als wir verstärkt mit kriminellen oder sogar militärisch ausgeführten Attacken im Internet zu rechnen haben.

Jeder, der mit persönlichen Daten umgeht – der Inhaber selbst, eine Behörde oder eine private Firma –, sollte einige elementare Sicherheitsregeln befolgen. Ein Datenaustausch darf nur zwischen Systemen mit vergleichbaren Sicherheitsstandards stattfinden. Jede Datenübertragung muss verlässliche Absender- und Empfängerkennungen enthalten, so dass man Start und Ziel jedes Datenpakets nachvollziehen kann. Es muss möglich sein, diese Metadaten zu überwachen und bei Auffälligkeiten beim Verursacher nachzuforschen, ähnlich wie schon heute spezialisierte Software zur Betrugsbekämpfung alle Kreditkartentransaktionen nachverfolgt.

Ein erfolgreiches Beispiel sind die so genannten Vertrauensnetze (trust networks). Die in einem solchen Netz zusammengeschlossenen Computer versehen jedes Stück Daten mit einer Nutzungsberechtigung und prüfen diese Berechtigung jedes Mal nach, wenn jemand darauf zugreifen will. Dabei ist gesetzlich festgelegt, was mit den Daten getan werden darf und was nicht – und welche Folgen eine Missachtung dieser Vorschriften hat. Indem das Netz über die Herkunft jeder Datei und die Legitimation des Anfordernden Buch führt – und diese Buchführung gegen Manipulationen absichert –, ist jederzeit von außen und per Software überprüfbar, ob die Vorschriften eingehalten wurden.

Langlebige Vertrauensnetze haben erwiesen, dass das Konzept sicher und robust ist. Das bekannteste Beispiel ist das Netz der Society for Worldwide Interbank Financial Telecommunication (SWIFT), mit deren Hilfe einige zehntausend Banken und andere Institutionen ihren internationalen Zahlungsverkehr abwickeln. Bemerkenswerterweise hat es nie einen kriminellen Einbruch in das SWIFT-Netz gegeben (jedenfalls soweit wir wissen). Allerdings hat die Struktur des SWIFT-Netzes seine Betreiber nicht daran gehindert, im Gefolge des 11. September Überweisungsdaten freiwillig an amerikanische Behörden herauszugeben.

Der Serienbankräuber Willie Sutton (1901–1980), berühmt geworden für die überaus fantasievolle Ausführung seiner Verbrechen, soll auf die Frage, warum er Banken ausgeraubt habe, die sprichwörtlich gewordene Antwort gegeben haben: »Weil da das Geld ist.« Heute ist das Geld bei SWIFT. Das Netz bewegt täglich Geldbeträge in Billionenhöhe. Dank seiner eingebauten Metadaten-Überwachung, automatischen Überprüfungssystemen und strengen Haftungsregeln hat es nicht nur die Bankräuber ferngehalten, sondern stellt auch jeden Tag aufs Neue sicher, dass das Geld an der vorgesehenen Stelle ankommt.

Durch die sinkenden Preise für Rechenleistung sind die einst komplexen und teuren Vertrauensnetze mittlerweile in der Reichweite von kleineren Organisationen oder sogar Privatleuten. Meine Forschungsgruppe am Massachusetts Institute of Technology hat gemeinsam mit dem gemeinnützigen Institute for Data Driven Design in Boston ein Vertrauensnetz für Verbraucher namens openPDS (open Personal Data Store) entwickelt. Hinter der Software, die wir zusammen mit etlichen Partnern aus Industrie und Verwaltung testen, steckt die Idee, Datensicherheit in der Qualität von SWIFT zu demokratisieren, so dass Firmen, Behörden und Einzelpersonen unbedenklich höchstpersönliche Informationen austauschen können, bis hin zu Bank-und Patientendaten. Regierungen einzelner Bundesstaaten erproben diese Architektur sowohl für den internen Datenverkehr als auch für Analysen durch externe Firmen. Sobald Vertrauensnetze größere Verbreitung und damit größere Akzeptanz finden, wird jeder Einzelne seine Daten an Organisationen weiterreichen können, ohne massenhaftes Abzapfen oder eine andere Art von Missbrauch fürchten zu müssen.

Schritt 3: Nie das Experimentieren aufgeben

Der letzte und vielleicht wichtigste Punkt ist das Eingeständnis, dass wir nicht alle Antworten haben. Mehr noch: Die eine, endgültige Antwort gibt es nicht. Wir wissen nur eines mit Sicherheit: Sowie sich die Technologie wandelt, müssen dies auch die Regelwerke tun. Das gegenwärtige digitale Zeitalter ist etwas vollkommen Neues; da hilft es nichts, sich auf die Tradition oder derzeit gültige Verfahren zu berufen. Vielmehr müssen wir ständig neue Ideen in der echten Welt erproben, um – vielleicht – eine zu finden, die funktioniert.

Auf den Druck ausländischer Regierungen, der eigenen Bürger und der Internetfirmen hin hat das Weiße Haus dem Sammeleifer der NSA bereits gewisse Grenzen gesetzt. Mit dem Ziel, verlorenes Vertrauen wiederaufzubauen, versuchen Suchmaschinenanbieter wie Google gerichtlich die Erlaubnis zu erstreiten, Suchanfragen der NSA zu veröffentlichen – Metadaten über Metadaten. Am 22. Mai hat das Repräsentantenhaus das Gesetz »USA Freedom Act« verabschiedet. Es verbietet die massenhafte Erfassung von Telefon-und Internetverbindungsdaten durch die Regierung, erlaubt den Telekommunikationsanbietern, zumindest die Anzahl der an die NSA übermittelten Datensätze zu veröffentlichen, und schreibt den Geheimdiensten vor, die Anzahl der empfangenen Datensätze zu melden. Die Beratung in der zweiten Parlamentskammer, dem Senat, steht zum Zeitpunkt der Drucklegung noch aus.

Das sind alles Schritte in die richtige Richtung. Aber ebenso wie alles, was wir jetzt tun könnten, handelt es sich nur um sehr vorläufige Reparaturen für ein langlebiges Problem. Die Innovation im Regierungshandeln muss mit dem technischen Fortschritt Schritt halten – eine sehr anspruchsvolle Aufgabe. Am Ende wird dem Staat nicht anderes übrig bleiben, als ständig herumzuexperimentieren: in kleinen Projekten zu erproben, was funktioniert, und hinterher die Spreu vom Weizen zu trennen.

Literaturtipp

- **Pentland, A.:** Social Physics. How Good Ideas Spread – the Lessons from a New Science. Penguin Press, 2014
  Ein weiteres Hauptarbeitsgebiet des Autors: physikalische Modelle für die Soziologie

Weblink

- Personal Data: The Emergence of a New Asset Class. World Economic Forum, Januar 2011
  www.weforum.org/reports/personal-data-emergence-new-asset-class

Vertraulichkeit ist machbar

Artur Ekert, Renato Renner

Wie können wir Geheimnisse vor technisch überlegenen Gegnern schützen? Müssen wir dabei denen vertrauen, die uns die Verschlüsselungsmaschinen liefern? Und: Können wir überhaupt uns selbst und unserer eigenen Entscheidungsfreiheit trauen? Einige dieser scheinbar vagen Fragen lassen sich präzise fassen – und finden überraschende Antworten.

Auf einen Blick

Zufall und Vertraulichkeit

1. Zwei Photonen sind quantenmechanisch nur miteinander und mit nichts sonst verschränkt: Diese monogame Korrelation garantiert Vertraulichkeit.
2. Eine Kommunikation ist dann abhörsicher, wenn die Quelle des kryptografischen Schlüssels aus echtem Zufall gespeist wird.
3. Durch einfache Maßnahmen kann ein unvollkommener Zufall verstärkt werden.

© Springer-Verlag GmbH Deutschland 2017
C. Könneker (Hrsg.), *Unsere digitale Zukunft*, DOI 10.1007/978-3-662-53836-4_18

4. Gegen raffiniertere Abhörversuche hilft ein wenig freier Wille – definiert als die Möglichkeit, unvorhersagbare Entscheidungen zu treffen.

Müssen wir damit leben, dass wir unsere Geheimnisse letztendlich nicht geheim halten können, so sehr wir uns auch bemühen? Ein Blick in die jüngste Vergangenheit lässt Schlimmes befürchten. Auch den genialsten Verschlüsselungsverfahren hatten die Entzifferer etwas entgegenzusetzen, und sei es, indem sie den Anwendern verletzliche Schlüssel unterschoben (siehe *Spektrum der Wissenschaft* 5/2014, S. 20).

Auch die moderne Kryptologie kann in Sachen Geheimhaltung bestenfalls relative Aussagen treffen. Eines der verbreitetsten Kryptosysteme mit veröffentlichtem Schlüssel (public-key cryptosystems) ist RSA, benannt nach seinen Schöpfern Ronald Rivest, Adi Shamir und Leonard Adleman (siehe *Spektrum der Wissenschaft* 10/1979, S. 92). Seine Sicherheit beruht darauf, dass es schwer ist, eine sehr große Zahl in ihre (großen) Primfaktoren zu zerlegen. Aber erfordert diese Faktorisierung wirklich einen so massiven Aufwand, dass sie in einem sinnvollen Zeitraum nicht gelingen wird? Mit heutigen Computern ja. Aber mit dem Tag, an dem der erste funktionierende Quantencomputer in Betrieb geht, werden RSA und verwandte Kryptosysteme unsicher sein. Die Sicherheit unserer besten Verschlüsselungsverfahren beruht also darauf, dass der technische Fortschritt hinreichend langsam ist – nicht die verlässlichste Garantie.

Was zwei Partner – nennen wir sie wie unter Kryptografen üblich Alice und Bob – für eine absolut sichere Kommunikation eigentlich brauchen – und was RSA bis jetzt noch bereitstellt –, ist ein Stück »gemeinsame private Zufälligkeit«.

Gemeint ist ein kryptografischer Schlüssel in Form einer Folge von zufälligen Bits, die nur den Kommunikationspartnern bekannt ist. Die Nachricht, die Alice an Bob schicken will, ist ihrerseits eine Folge von Bits – jeder Text lässt sich, zum Beispiel mit der geläufigen ASCII-Codierung, so darstellen. Alice schreibt die Nachricht und den Schlüssel untereinander und macht daraus die verschlüsselte Nachricht, indem sie die jeweils übereinanderstehenden Bits modulo 2 (ohne Übertrag) addiert: Haben Nachricht und Schlüssel an einer Stelle dasselbe Bit, so enthält der chiffrierte Text an dieser Stelle eine Null, sonst eine Eins, was der »Additionsvorschrift« $0 + 0 = 0$, $0 + 1 = 1$, $1 + 0 = 1$, $1 + 1 = 0$ entspricht. Diesen kann sie über einen abhörbaren Kanal an Bob schicken. Der muss zu dem empfangenen Chiffretext nur den Schlüssel modulo 2 addieren und erhält dadurch den Klartext zurück.

Wer die Leitung abhört, kann ohne Schlüssel nichts über den Inhalt der Nachricht erfahren, auch wenn er das Verschlüsselungsverfahren kennt. Das gilt allerdings nur, wenn alle Bits des Schlüssels perfekt zufällig sind und nur einmal verwendet werden; daher der Name »One-Time-Pad« (»Einwegzettel«) für das Verfahren. Die Zufallsbits müssen natürlich irgendwann auf sichere Art und Weise an Alice und Bob ausgeliefert worden sein. Da die beiden sich aber an weit voneinander entfernten Orten befinden, scheint das unmöglich – es besteht ja noch kein sicherer Kommunikationskanal zwischen ihnen. Genau dieses Problem, den »Schlüsselaustausch«, kann die Quantenkryptografie bewältigen.

Ein erster Ansatz (1984) von Charles H. Bennett und Gilles Brassard beruht auf der heisenbergschen Unbestimmtheitsrelation, nach der bestimmte Paare physikalischer Eigenschaften komplementär sind in dem Sinn, dass Wissen über eine Eigenschaft Wissen über die andere ausschließt. Unabhängig davon schlug einer von uns (Ekert) 1991 ein Verfahren vor, das die so genannte Monogamie der Quantenverschränkung nutzt: Die Eigenschaften zweier Photonen können miteinander verschränkt sein, das heißt, die Messung dieser Eigenschaft an einem Photon bestimmt das Ergebnis der Messung am anderen, auch wenn die beiden weit voneinander entfernt sind. Aber diese Beziehung ist monogam, das heißt, ein Photon kann nur mit höchstens einem anderen verschränkt sein.

Die Idee, Quantenphänomene zur Geheimhaltung von Informationen zu verwenden, war zunächst wenig mehr als ein akademisches Kuriosum. Mit dem Fortschritt auf dem Gebiet der Quantentechnologien haben Experimentalphysiker diese Idee jedoch zunehmend lieb gewonnen und sogar eine kommerzielle Anwendung ausgearbeitet.

Bezüglich ihrer Sicherheit ist die Quantenkryptografie heutzutage unübertroffen. Aber sie ist nicht immun gegen Angriffe, die Schwachstellen in der praktischen Realisierung ausnutzen. Vielleicht hat der Hersteller die Verschlüsselungsmaschine aus Unwissenheit oder Nachlässigkeit nicht gegen Angriffe abgesichert – oder mit Absicht. Müssen wir also unsere kryptografischen Geräte auseinandernehmen und uns vergewissern, dass sie auch wirklich das tun, was wir von ihnen erwarten? Und wonach genau sollen wir suchen? Lange galt die Vermutung, dass wir hier an die Grenzen der Geheimhaltung stoßen. Letztlich würde derjenige die Oberhand gewinnen, der über die überlegenen technischen Mittel verfügt; und das wäre in der Regel die NSA, das britische GCHQ oder ein anderer Geheimdienst. Überraschenderweise ist dies nicht der Fall.

Jüngste Forschungsresultate zeigen nämlich, dass Geheimhaltung unter erstaunlich allgemeinen Voraussetzungen möglich ist. Wie wir sehen werden, brauchen wir nichts weiter als die oben genannte »monogame Korrelation« und ein wenig

»freien Willen«; Letzteren definieren wir als die Fähigkeit, unvorhersagbare Entscheidungen zu treffen. Unter diesen Bedingungen wird geradezu Unglaubliches möglich, beispielsweise »geräteunabhängige Kryptografie«: Selbst mit Geräten unbekannter oder zweifelhafter Herkunft, über deren Innenleben wir nichts wissen, können wir sichere Kommunikation betreiben.

Einige der geräteunabhängigen Verfahren sind sogar sicher gegen Angriffe mittels physikalischer Phänomene, die über die Quantentheorie hinausgehen und heute noch gar nicht bekannt sind. Und selbst wenn der Gegner über telepathische Kräfte verfügen würde und damit Entscheidungen manipulieren könnte, die Alice und Bob während der Schlüsselverteilung treffen, ließe sich mit quantenkryptografischen Techniken, insbesondere der so genannten Zufallsverstärkung, noch nahezu perfekte Sicherheit erreichen – vorausgesetzt, es bleibt ein gewisser Rest von freiem Willen übrig.

Die Macht der freien Wahl

Das oben beschriebene One-Time-Pad garantiert – theoretisch beweisbar – perfekte Geheimhaltung, allerdings unter der Voraussetzung, dass der kryptografische Schlüssel aus zufälligen und geheimen Bits besteht und nur einmal verwendet wird. Da jedes Bit des Schlüssels nur ein einziges Bit der Nachricht verschlüsselt, brauchen Alice und Bob im Lauf ihrer Kommunikation ständig Nachschub an Schlüsselbits. Das ist das so genannte Schlüsselverteilungsproblem.

Eine ideale, wenn auch vollkommen realitätsferne Lösung dieses Problems könnte folgendermaßen aussehen: Eine gute Fee händigt Alice und Bob je eine Münze aus. Beide Münzen sind fair – zeigen also mit gleicher Wahrscheinlichkeit Kopf oder Zahl, wenn sie geworfen werden – und außerdem auf magische Weise miteinander verschränkt: Gleichzeitig geworfen, fallen sie stets auf dieselbe Seite. Alice und Bob werfen dann an ihren jeweiligen Standorten solche Münzen und notieren für jeden Kopf eine Null und für jede Zahl eine Eins. Die so entstehende binäre Zeichenkette ist zufällig und für beide Beteiligten dieselbe. Aber ist sie auch geheim? Nicht unbedingt. Vielleicht gibt es einen Bösewicht – üblicherweise nennt man ihn Eve nach dem Wort »eavesdropper« für Lauscher – mit überlegenen technischen Fähigkeiten. Eve könnte eine zusätzliche Münze angefertigt haben, die ebenso magisch mit den Münzen von Alice und Bob verbunden ist. Die Resultate aller drei Münzen stimmen dann überein, und Eve kennt alle Bits der Zeichenkette.

Um Geheimhaltung zu erreichen, müssen Alice und Bob also etwas tun, was Eve nicht kontrollieren kann. Zu diesem Zweck gibt die Fee Alice und Bob je zwei Münzen: Alice kann entweder Münze A_1 oder A_2 werfen und Bob Münze B_1 oder B_2, nie aber beide zugleich. Wiederum seien die Münzen auf magische Art und Weise miteinander verbunden, so dass sie stets auf derselben Seite landen, jedoch nun mit einer Ausnahme: Wenn A_1 und B_2 geworfen werden, dann zeigen sie stets unterschiedliche Seiten. Die Magie unterliegt also den folgenden Verschränkungsbedingungen (vgl. Abb. 1):

$$A_1 = B_1, B_1 = A_2, A_2 = B_2, B_2 \neq A_1$$

Offensichtlich ist es unmöglich, A_1, A_2, B_1 und B_2 Werte so zuzuweisen, dass alle vier Bedingungen gleichzeitig erfüllt sind. Vergessen wir aber nicht, dass Alice und Bob jeweils nur eine Münze werfen dürfen. Daher muss zu jedem Zeitpunkt auch nur eine der vier Verschränkungsbedingungen erfüllt sein, was ohne Widersprüche möglich ist.

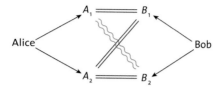

Abb. 1 Alice und Bob entscheiden sich frei und unabhängig voneinander, welche ihrer beiden Münzen sie werfen. Durch magische Korrelation fallen beide Münzen stets auf die gleiche Seite, außer wenn Alice A_1 und Bob B_2 wirft; dann sind die Resultate (Kopf oder Zahl) immer verschieden voneinander (*Wellenlinien*)

Was aber würde passieren, wenn etwa Alice trotzdem beide Münzen gleichzeitig werfen könnte? Falls ihre Münzen A_1 und A_2 auf dieselbe Seite zu liegen kämen ($A_1 = A_2$), hätte Bob keine andere Wahl, als B_1 zu werfen, denn dies ist die einzige Möglichkeit, die obigen Bedingungen zu erfüllen. Falls dagegen $A_1 \neq A_2$ wäre, bliebe Bob einzig die Wahl, B_2 zu werfen. Bob wäre also seiner freien Wahl beraubt.

Dieses einfache Argument zeigt zugleich, dass niemand von einer der magischen Münzen, sagen wir A_1, einen »Klon« Z herstellen kann, so dass nach jedem Wurf $Z = A_1$ gilt. Nehmen wir an, Alice wirft A_2 und Eve gleichzeitig Z. Das ist dieselbe Situation, wie wenn A_1 und A_2 gleichzeitig geworfen würden. Die Existenz von Z würde also Bob seiner freien Wahl berauben. Damit haben wir gezeigt, dass die magischen Korrelationen »monogam« sein müssen, wenn Alice und Bob freie Wahl haben. Wenn also Bob nicht ohnehin ein willenloser Zombie ist, kann weder Eve noch sonst jemand eine Münze herstellen, deren Resultate immer mit einer der Münzen von Alice oder Bob übereinstimmen. Damit haben wir bereits alle Zutaten für eine sichere Schlüsselverteilung beisammen.

Ein gemeinsamer Schlüssel per Zufall

Um einen kryptografischen Schlüssel zu erzeugen, werfen nun Alice und Bob ihre magischen Münzen. Für jeden Wurf entscheiden sie zufällig und unabhängig voneinander, welche Münze sie verwenden. Nach jedem Wurf verkünden sie öffentlich, für alle sichtbar, welche Münzen sie ausgewählt haben – aber nicht die Ergebnisse der Würfe. Die Ergebnisse selbst sind geheim, weil die Münzen ja nicht geklont werden können, und identisch, weil die Münzen magisch miteinander verbunden sind, beziehungsweise entgegengesetzt, wenn A_1 und B_2 geworfen wurden. In letzterem Fall muss entweder Bob oder Alice das Ergebnis von einer Null in eine Eins verwandeln und umgekehrt. Jeder Münzwurf liefert also ein gemeinsames Schlüsselbit für Alice und Bob. Um einen längeren Schlüssel zu erhalten, wiederholen sie diesen Vorgang nach Bedarf. Wir betonen, dass Alice und Bob keinerlei Annahmen über die Herkunft ihrer magischen Geräte machen müssen. Wenn die Münzen die oben genannten Verschränkungsbedingungen erfüllen, sind sie für die Schlüsselverteilung geeignet, einerlei wer sie hergestellt hat. Wenn der Lieferant der magischen Münzen eine böse Hexe ist, die sich als gute Fee verkleidet hat, würde das Alice und Bob sofort auffallen. Sie müssten einander nur die Ergebnisse einiger zufällig ausgewählter Würfe mitteilen und überprüfen, ob diese die Verschränkungsbedingungen erfüllen. Zum Verschlüsseln können sie die somit veröffentlichten Ergebnisse zwar nicht mehr verwenden. Aber sie können den Schlüssel aus den übrigen Würfen bilden, deren Ergebnisse nie enthüllt werden, wenn die magischen Münzen den Verschränkungstest bestehen. Im anderen Fall brechen sie die Schlüsselverteilung ab und versuchen es mit einem anderen Satz von Münzen.

Ein Quanten-Trost

Es scheint, als ob wir eine perfekte Lösung des Schlüsselverteilungsproblems gefunden hätten – bis auf ein kleines Problem: Es gibt keine magischen Korrelationen. Zumindest ist kein physikalischer Vorgang bekannt, der sie erzeugen könnte. Dies ist aber kein Grund zu verzagen. Es gibt nämlich physikalisch realisierbare Korrelationen, die den magischen für unsere Zwecke hinreichend nahekommen. Willkommen in der Quantenwelt!

Ein geeignetes Phänomen ist die Polarisation des Photons, die sich im polarisierten Licht bemerkbar macht. Messen kann man sie entlang jeder beliebigen Richtung; das Ergebnis kann aber nur einen von zwei Werten haben:

Annähernd magische Korrelationen

Alice und Bob entscheiden sich für eine von zwei magischen Münzen beziehungsweise für eine von zwei Einstellungen ihrer Polarisationsmessgeräte. Die Tabelle gibt an, mit welcher Wahrscheinlichkeit jedes Paar von möglichen Messergebnissen auftritt. Für magische Korrelationen entsprechend den im Text genannten Verschränkungsbedingungen nimmt der Parameter ε den Wert 0 an. In jedem physikalisch realisierbaren Fall ist ε größer als null. Der kleinstmögliche Wert ist $\varepsilon = \sin^2(\pi/8) \approx 0{,}146$, realisierbar zum Beispiel durch die im Text genannten Messwinkel 0, $\pi/8$, $2\pi/8$ und $3\pi/8$.

	$A_1 = 0$	$A_1 = 1$	$A_2 = 0$	$A_2 = 1$
$B_1 = 0$	$\dfrac{1-\varepsilon}{2}$	$\dfrac{\varepsilon}{2}$	$\dfrac{1-\varepsilon}{2}$	$\dfrac{\varepsilon}{2}$
$B_1 = 1$	$\dfrac{\varepsilon}{2}$	$\dfrac{1-\varepsilon}{2}$	$\dfrac{\varepsilon}{2}$	$\dfrac{1-\varepsilon}{2}$
$B_2 = 0$	$\dfrac{\varepsilon}{2}$	$\dfrac{1-\varepsilon}{2}$	$\dfrac{1-\varepsilon}{2}$	$\dfrac{\varepsilon}{2}$
$B_2 = 1$	$\dfrac{1-\varepsilon}{2}$	$\dfrac{\varepsilon}{2}$	$\dfrac{\varepsilon}{2}$	$\dfrac{1-\varepsilon}{2}$

Ekert, A., Renner, R.: The ultimate physical limits of privacy. In: *Nature* 507, S. 443–447, 2014, Table 1 parallel oder senkrecht zur Messrichtung – eine der Merkwürdigkeiten der Quantenmechanik. Diese beiden Möglichkeiten können wir mit 0 und 1 bezeichnen, wir erhalten also ein Bit.

Die annähernd magischen Eigenschaften kommen nun durch das Phänomen der Verschränkung zu Stande. Konkret kann man ein Paar polarisationsverschränkte Photonen erzeugen und je ein Photon an Alice und Bob schicken. Messen die beiden nun die Polarisation ihres jeweiligen Photons, sind die Ergebnisse miteinander korreliert: Wenn Alice entlang der Richtung α misst und Bob entlang β, dann stimmen ihre Ergebnisse mit der Wahrscheinlichkeit $\cos^2(\alpha-\beta)$ überein. Das ist so ziemlich alles, was wir über die Quantenphysik wissen müssen, um damit Kryptografie betreiben zu können.

Jetzt kann man das Werfen von Münzen durch passend gewählte Polarisationsmessungen ersetzen: Anstatt Münze A_1 zu werfen, misst Alice ihr Photon entlang der Richtung $\alpha_1 = 0$; und dem Wurf von A_2 entspricht die Messung entlang $\alpha_2 = 2\pi/8$ (= 45 Grad; Winkel sind hier im Bogenmaß angegeben, der Winkel π entspricht 180 Grad). Entsprechend ersetzt Bob seine Würfe B_1 und B_2 durch Messungen seines Photons entlang der Richtungen $\beta_1 = \pi/8$ und $\beta_2 = 3\pi/8$. Anders als im magischen Fall sind die Messergebnisse nicht mehr mit Sicherheit gleich beziehungsweise entgegengesetzt, sondern nur mit gewissen Wahrscheinlichkeiten.

Der Parameter ε in der Tabelle beschreibt so etwas wie die Abweichung vom magischen Idealzustand. Korrelationen mit $\varepsilon \geq 1/4$ werden als klassisch bezeichnet, weil sie zulassen, dass A_1, A_2, B_1 und B_2 zugleich Werte zugewiesen werden können. Dies ist nicht mehr möglich, wenn ε kleiner ist als $1/4$. Denn dann verletzt jede Zuweisung von Werten an A_1, A_2, B_1 und

B_2 unweigerlich mindestens eine der vier Verschränkungsbedingungen (siehe »Lauschen in Zahlen«).

Überraschenderweise gibt es, wie wir gerade gesehen haben, physikalisch zulässige Korrelationen, für die ε den Wert $\sin^2(\pi/8) \approx 0{,}146$ erreichen kann. Dies ist der niedrigste Wert, der mit Quantenkorrelationen möglich ist. Selbst wenn es also keine perfekten magischen Korrelationen gibt – für sie wäre $\varepsilon = 0$ –, können wir immerhin ein bisschen Magie in Quantenkorrelationen finden und uns diese zu Nutze machen.

Weniger Realität, mehr Sicherheit

Seit fast einem Jahrhundert haben die Physiker damit zu kämpfen, dass es unmöglich ist, bestimmten physikalischen Größen Zahlenwerte zuzuordnen, wie etwa der Polarisation eines Photons. Die meisten von uns sind mit der Überzeugung aufgewachsen, dass es eine objektive Realität gibt, in der physische Objekte quantifizierbare Eigenschaften haben, unabhängig davon, ob wir sie messen oder nicht. Unsere Welt ist aber nicht so beschaffen, so beunruhigend dies auch sein mag. Statistische Ungleichungen wie $\varepsilon \geq 1/4$, die unter der Annahme abgeleitet wurden, dass die Werte nicht gemessener physikalischer Größen existieren, werden allgemein als bellsche Ungleichungen bezeichnet. Eine Reihe sorgfältig konzipierter und sehr anspruchsvoller Experimente hat gezeigt, dass $\varepsilon < 1/4$ ist, dass also die bellschen Ungleichungen nicht gültig sind. Wir werden uns hier nicht mit den philosophischen Implikationen dieser experimentellen Tatsache beschäftigen – ganze Bände sind darüber geschrieben worden. Hier geht es darum, dass diese Experimente für die Kryptografie unmittelbar relevant sind. Denn was nicht existiert, kann nicht abgehört werden. Deshalb ist es in einer nichtklassischen Welt viel einfacher, Geheimnisse zu wahren.

Wenn ein System von Korrelationen mit dem Parameter ε vorliegt, kann man die Wahrscheinlichkeit, dass Eve ein bestimmtes Ergebnis richtig errät, bis unter den Wert $(1 + 4ε)/2$ absenken. Eve kann zwar etwas über die Ergebnisse erfahren – aber mittels eines statistischen Tests zur Abschätzung von ε können Alice und Bob ermitteln, wie viel. Zu allem Überfluss lässt sich ε unter die genannte Grenze von 0,146 absenken, indem man die Zahl der zur Auswahl stehenden Münzen beziehungsweise Messrichtungen entsprechend erhöht (siehe »Lauschen in Zahlen«).

Bei hinreichend kleinem ε können Alice und Bob aus den Ergebnissen einen nahezu perfekten Schlüssel erzeugen. Dabei bedienen sie sich einer Technik namens Vertraulichkeitsverstärkung (»privacy amplification«). Die Grundidee dahinter ist relativ einfach: Stellen wir uns vor, dass wir zwei Bits besitzen und wissen, dass unser Gegner höchstens eines der beiden kennt; wir wissen aber nicht, welches. Addieren wir nun die zwei Bits zusammen (modulo 2), so wird das resultierende Bit geheim sein. Diese Idee lässt sich auf beliebig lange Folgen von Bits verallgemeinern.

Alice und Bob können also immer dann ein Schlüsselverteilungsprotokoll ausführen, wenn sie Geräte irgendwelcher Art besitzen, die Werte mit den oben beschriebenen Korrelationen ausgeben, und über einen vertrauenswürdigen statistischen Test verfügen, um ε abzuschätzen. Wenn ε klein genug ist – zum Beispiel ε = 0,15 –, lässt sich daraus ein perfekter kryptografischer Schlüssel ableiten. Es ist also möglich, Geräte einzusetzen, denen wir nicht vertrauen. Nun sind wir fast am Ziel. Eine Frage bleibt noch offen: Dürfen Alice und Bob ihrem freien Willen trauen?

Dies mag der Gipfel an Verfolgungswahn sein. Können wir freie Entscheidungen treffen, oder sind wir Marionetten höherer Mächte? Was passiert, wenn wir manipuliert werden?

Die Sache mit dem Selbstvertrauen

Die Macht der freien Wahl haben wir bereits erwähnt. Entscheidungen wie die, welche Münze zu werfen oder welche Polarisation zu messen ist, dürfen nicht vorhersagbar sein. Wer den Begriff der »freien Wahl« des Experimentators für zu esoterisch hält, denke stattdessen an Zufallszahlengeneratoren. Diese werden in der Praxis dazu verwendet, solche Entscheidungen zu treffen. Aber woher rührt ihre Zufälligkeit? Was, wenn diese Zufallszahlengeneratoren aus zweifelhafter Quelle stammen, möglicherweise von derselben Firma, die das Gerät zur Schlüsselverteilung hergestellt hat?

Offensichtlich gibt es ohne Zufälligkeit keine Geheimhaltung: Wenn alle Entscheidungen, die wir treffen, vorhersehbar oder durch unsere Gegner vorprogrammiert sind (zum Beispiel mit Hilfe von gezinkten Zufallszahlengeneratoren), dann ist der Geheimhaltung jeder Boden entzogen.

Erstaunlicherweise reicht aber bereits ein kleines Quäntchen Zufälligkeit aus, um sie wiederherzustellen. Es gibt nämlich nicht nur eine Vertraulichkeits-, sondern auch eine Zufälligkeitsverstärkung (»randomness amplification«). Die Methode ist geräteunabhängig und funktioniert auch dann, wenn der Anteil an wirklich zufälligen Zahlen beliebig klein ist oder die Geräte technisch nicht perfekt sind.

Dies alles mag überraschend klingen, vielleicht zu gut, um wahr zu sein: perfekte Geheimhaltung; Sicherheit gegenüber mächtigen Gegnern, die uns mit gezinkten kryptografischen Werkzeugen ausstatten und uns sogar manipulieren können. Ist so etwas möglich? Ja. Doch der Teufel steckt wie gewohnt im Detail, in diesem Fall bei praktischen Aspekten, die wir nicht ganz außer Acht lassen sollten.

Kurz nachdem im Jahr 1991 die oben beschriebene Methode zur Quanten-Schlüsselverteilung vorgeschlagen wurde, wies die damalige britische Defence Research Agency (heute QinetiQ) in Experimenten nach, dass die Methode im Prinzip umsetzbar ist. In der Praxis muss man jedoch stets mit Messfehlern rechnen. Der mathematische Beweis, dass die Sicherheit auch unter diesen Bedingungen gewährleistet ist, war extrem schwierig. Es hat viele Jahre gedauert, ehe man sich überhaupt auf eine sinnvolle Definition des Begriffs »Geheimhaltung« einigen konnte. Zahlreiche neu entwickelte Techniken führten schließlich zu einem vollständigen Beweis, zumindest für den Fall, dass Alice und Bob ihren Geräten vertrauen können.

Lauschen in Zahlen

Angenommen, Eve will ein Gerät herstellen, dessen Ausgabe Z stets mit – beispielsweise – A_1 übereinstimmt. Unabhängig von ihren technischen Möglichkeiten sind ihre Erfolgschancen begrenzt.

Nennen wir $P(Z = A_1)$ die Wahrscheinlichkeit, dass Z gleich A_1 ist; entsprechend für alle anderen Ereignisse. Dann gilt für zwei beliebige Ergebnisse A_i und B_j zunächst

$$P(Z = A_i) = P(Z = A_i \text{ und } A_i = B_j) + P(Z = A_i \text{ und } A_i \neq B_j)$$
$$\leq P(Z = B_j) + P(A_i \neq B_j)$$

oder umgeformt

$$P(Z = A_i) - P(Z = B_j) \leq P(A_i \neq B_j),$$

das heißt, die Wahrscheinlichkeiten $P(Z = A_i)$ und $P(Z = B_j)$ können sich um nicht mehr als $P(A_i \neq B_j)$ voneinander unterscheiden. Damit ergibt sich eine Reihe von Ungleichungen:

$$P(Z = A_1) - P(Z = B_1) \leq P(A_1 \neq B_1)$$
$$P(Z = B_1) - P(Z = A_2) \leq P(B_1 \neq A_2)$$
$$P(Z = A_2) - P(Z = B_2) \leq P(A_2 \neq B_2)$$
$$P(Z = B_2) - P(Z \neq A_1) \leq P(B_2 = A_1)$$

Wenn man diese Ungleichungen aufaddiert und dabei berücksichtigt, dass $P(Z \neq A_1) = 1 - P(Z = A_1)$ ist, erhält man

$$P(Z = A_1) \leq (1/2)(1 + I_2),$$

wobei die Größe $I_2 = P(A_1 \neq B_1) + P(B_1 \neq A_2) + P(A_2 \neq B_2) + P(B_2 = A_1)$ der Summe der Wahrscheinlichkeiten entspricht, dass eine der im Text genannten Verschränkungsbedingungen verletzt ist.

Wenn I_2 kleiner als 1 ist, gibt es eine positive Wahrscheinlichkeit (nämlich $1 - I_2$) dafür, dass alle vier Bedingungen erfüllt sind, was unter klassischen Bedingungen nicht vorkommen kann, da sie einander widersprechen. Die hier gegebene Herleitung ist für beliebige binäre Werte von A_i und B_j gültig und nimmt wohlgemerkt keinen Bezug auf die Quantentheorie.

Die Werte A_1, A_2, B_1 und B_2 können zwar nicht gleichzeitig existieren; aber alle hier verwendeten Wahrscheinlichkeiten gelten nur für Wertepaare A_i und B_j, die gleichzeitig gemessen werden können, und sind daher aus den Statistiken der experimentellen Daten bestimmbar. Für die im Text beschriebenen Polarisationsmessungen würden wir $I_2 = 4\varepsilon$ erhalten, wobei $\varepsilon = \sin^2(\pi/8) \approx 0{,}146$. Diese Schranke bedeutet, dass $P(Z = A_1) \leq 0{,}793$. Eves Wert Z wird also in mehr als 20 Prozent der Fälle nicht mit A_1 übereinstimmen.

Der Begriff der magischen Korrelationen ist verallgemeinerbar auf den Fall, dass Alice und Bob zwischen $n \geq 2$ verschiedenen Messungen wählen können. Dann sind die Verschränkungsbedingungen zu ersetzen durch

$$A_1 = B_1, B_1 = A_2, A_2 = B_2, B_2 = A_3, \ldots A_n = B_n, B_n \neq A_1.$$

Eine physikalisch realisierbare Näherung an diese magischen Korrelationen wären Polarisationsmessungen an verschränkten Photonen entlang der Winkel α_i und β_j. Dabei sind α_i gerade und β_j ungerade Vielfache von $\pi/(4n)$, so dass sich benachbarte Werte um den Winkel $\pi/(4n)$ voneinander unterscheiden. Dann ist wegen der im Text genannten Wahrscheinlichkeit von $\cos^2(\alpha - \beta)$ für die Übereinstimmung von Messergebnissen mit den Winkeln α und β jede der oben genannten Bedingungen erfüllt, jedoch mit einer Fehlerwahrscheinlichkeit von $\varepsilon = \sin^2(\pi/(4n)) < 1/n^2$.

Mit denselben Argumenten wie im Fall $n = 2$ lässt sich zeigen, dass jeder Versuch von Eve, das Ergebnis von – beispielsweise – A_1 zu bestimmen, höchstens mit einer Wahrscheinlichkeit von $(1 + I_n)/2$ Erfolg haben kann; dabei ist $I_n = \mathrm{P}(A_1 \neq B_1) + \mathrm{P}(B_1 \neq A_2) + \ldots + \mathrm{P}(A_n \neq B_n) + \mathrm{P}(B_n = A_1)$. Für alle klassischen Korrelationen gilt $I_n \geq 1$. Im Gegensatz dazu lässt die Quantentheorie Korrelationen zu, für die $I_n = 2n\varepsilon_n < 2/n$ ist. Folglich strebt für großes n die Wahrscheinlichkeit, dass Eve den Wert von A_1 errät, gegen $1/2$. Dann hätte sie auch gleich eine Münze werfen können – ohne jede magische oder sonstige Korrelation mit A_1.

Obwohl sämtliche Beweise aus der Monogamie der Korrelationen die Folgerung herleiten, dass niemand Alice' und Bobs Geheimnis kennen kann, ist es nicht ganz einfach, diese Argumente quantitativ zu erfassen und robuste Protokolle zu finden, die auch unter statistischen Störungen und anderen Gerätefehlern funktionieren. Daneben gibt es noch etliche andere Herausforderungen. So haben wir es bisher als selbstverständlich angesehen, dass Alice und Bob den Parameter ε mittels einer hinreichend großen Zahl von Stichproben bestimmen können. Um diese Annahme für die Quantenwelt zu rechtfertigen, muss man einen Satz aus der klassischen Statistik entsprechend verallgemeinern. Erst dann kann man überhaupt Paare von Photonen als einzelne Objekte mit individuellen Eigenschaften behandeln. Dieses und viele andere Ergebnisse waren notwendig, um eine Reihe an subtilen Aspekten des Quanten-Schlüsselaustauschs zu beleuchten. Aber schließlich konnte, 20 Jahre nach seiner Erfindung, gezeigt werden, dass das ursprüngliche Schlüsselverteilungsprotokoll von Ekert Sicherheit bietet, selbst mit Geräten, die nicht vollkommen vertrauenswürdig sind und unter statistischem Rauschen leiden.

Die heute etablierten Beweise setzen voraus, dass Eve durch die Gesetze der Quantenphysik gebunden ist. Aber sogar für das noch paranoidere Szenario, in dem Eve über Techniken jenseits der Quantentheorie und überhaupt der bekannten Physik verfügt, gibt es inzwischen Lösungen. Die entsprechenden Sicherheitsbeweise sind jedoch nicht so ausgereift wie ihre Pendants in der Quantenkryptografie. Hier bedarf es noch einiger Forschungsarbeit.

Dass die bellschen Ungleichungen nicht gelten, ist eine experimentelle Tatsache. Leider kann man die entsprechenden Experimente nicht einfach als »geräteunabhängige Schlüsselverteilung« deklarieren, weil sie noch einige Schlupflöcher offen lassen. So ist es denkbar, dass die Photonen, die in den Versuchen detektiert werden, keine repräsentative Auswahl der von der Quelle emittierten Photonen darstellen. Oder die verschiedenen Teile und Komponenten des Experiments könnten kausal miteinander verknüpft sein. Einzelne dieser Schlupflöcher ließen sich in Experimenten schließen, aber noch nicht alle auf einmal – was einer endgültigen Widerlegung der bellschen Ungleichungen gleichkäme.

Physiker stört dies nicht sehr: Die Natur müsste schon überaus bösartig sein, wenn sie in jedem Experiment ein anderes Schlupfloch nutzen würde, um uns hereinzulegen. Aber nichts hindert einen Lauscher daran, bösartig zu sein.

Nehmen wir zum Beispiel an, dass Eve die Geräte von Alice und Bob vorprogrammiert, in Erwartung einer bestimmten Abfolge von Einstellungen, die diese für ihre Messungen wählen könnten. Jedes Mal, wenn Eves Erwartung zutrifft, werden die Geräte mit vorprogrammierten Ergebnissen antworten. Wenn aber Eve mit ihrer Vermutung falsch lag, dann gibt eines der Geräte vor, kein Photon empfangen zu haben. Wenn Alice und Bob nun naiv alle Versuche verwerfen, in denen mindestens eines der Geräte kein Resultat liefert, kann Eve sie leicht täuschen.

Dieses Detektionsschlupfloch zu stopfen, ist eine ausgesprochen schwierige Angelegenheit. Nahezu jedes optische Bauelement in den Geräten zur Schlüsselverteilung hat Verluste. Angesichts des rasanten Fortschritts auf dem Gebiet der Photodetektoren sind aber in naher Zukunft Lösungen zu erwarten.

Bereits jetzt lässt sich eine nahezu perfekte Nachweiseffizienz erreichen, wenn man sich mit sehr kurzen Distanzen zwischen Alice und Bob zufriedengibt. Dann kann man nämlich statt Photonen verschränkte Ionen verwenden. Auf diesem Weg wurde die erste zertifizierte geräteunabhängige Verteilung von Zufallsereignissen erzeugt. Zudem entwickelten Forscher vor Kurzem praktisch realisierbare Methoden, bei denen man nur noch manchen Geräten vertrauen muss, beispielsweise den Photonenquellen, nicht aber den Detektoren.

Geräteunabhängige Kryptografie ist in der Praxis also alles andere als einfach. Aber angesichts des bereits erreichten Stands der Technik können wir optimistisch sein. Der Tag, an dem wir uns nicht mehr um wenig vertrauenswürdige oder inkompetente Anbieter von kryptografischen Diensten sorgen müssen, ist vielleicht nicht mehr fern.

Monogame Korrelationen, welcher Herkunft auch immer, gepaart mit einer beliebig kleinen Menge an freiem Willen, reichen aus, um Informationen geheim zu halten. Der freie Wille ist also ein wertvolles Gut. Und ohne freien Willen ist es im Grunde genommen sowieso müßig, irgendetwas verbergen zu wollen.

Quellen

- **Acín, A. et al.:** Device-Independent Security of Quantum Cryptography against Collective Attacks. In: Physical Review Letters 98, 230501, 2007
- **Barrett, J. et al.:** No Signaling and Quantum Key Distribution. In: Physical Review Letters 95, 010503, 2005
- **Colbeck, R., Renner, R.:** Free Randomness can be Amplified. In: Nature Physics 8, S. 450–454, 2012
- **Ekert, A. K.:** Quantum Cryptography Based on Bell's Theorem. In: Physical Review Letters 67, S. 661–663, 1991

Physiologische Daten müssen vertraulich bleiben!

Stephen Fairclough

Fernseher, Apps, Spielkonsolen: Die verschiedensten Geräte übertragen inzwischen teils sensible Daten über das Internet. Stephen Fairclough, Professor für Psychophysiologie an der Liverpool John Moores University, ruft zu mehr Bedacht auf: Entsprechende elektronische Geräte, die physiologische Daten wie Emotionen, Herzschlag oder Hirnwellen erfassen, sollten reguliert werden, um unsere Privatsphäre zu schützen.

Bei wie vielen Menschen steht unter dem Fernseher inzwischen eine Xbox One? Diese neue Konsole ist beeindruckend, und das nicht nur auf Grund ihrer Spiele und Grafik: Sie ist zudem mit einer Kamera ausgestattet, die von den im Raum anwesenden Personen die Herzschlagfrequenz erfassen kann. Der Sensor ist für Sportspiele gedacht, damit die Spieler parallel Veränderungen der Herzfrequenz überwachen können. Im Prinzip könnte dasselbe System aber auch Informationen über physiologische Reaktionen auf Werbung, Horrorfilme oder sogar Parteisendungen erfassen und übermitteln.

© Springer-Verlag GmbH Deutschland 2017
C. Könneker (Hrsg.), *Unsere digitale Zukunft*, DOI 10.1007/978-3-662-53836-4_19

Die Xbox One ist die erste kommerzielle elektronische Hardware, die »Physiological Computing« integriert hat, also die Erfassung und Verarbeitung von physiologischen Daten. Diejenigen von uns, die in diesem Feld arbeiten, würden gern die Art und Weise verändern, wie Menschen in ihrem täglichen Leben mit elektronischen Geräten umgehen. Doch wie bei allen Technologien gibt es auch eine dunkle Seite, und die größte Befürchtung betrifft die mögliche Verletzung der Privatsphäre. Die riesige Fangemeinde der Xbox One lässt vermuten, dass eine solche Anwendung eine große Reichweite hätte. Deshalb ist es an der Zeit, die Vorteile und Risiken der neuen Technologie zu diskutieren – auch angesichts der ersten internationalen Konferenz zu diesem Thema, die vom 7. bis 9. Januar 2014 in Lissabon stattfand.

Unser Körper sendet ständig Signale

Die meisten Menschen denken nicht darüber nach, dass ihr Körper quasi ständig Informationen sendet, doch genau das tut unser Nervensystem – vom ersten Herzschlag eines Embryos bis zum letzten Atemzug. Entsprechende Schnittstellen wandeln diese Daten in Eingangssignale für computergesteuerte Systeme um, indem sie die physiologischen Signale als Proxy für Tastatur und Maus verwenden. Hirn-Computer-Schnittstellen sind beispielsweise inzwischen in der Lage, auf der Basis von Schwankungen in Hirnströmen einen Cursor auf einem Bildschirm zu steuern.

Mit derselben Technologie lässt sich auch eine spontane Aktivität von Gehirn und Körper erfassen und sich daraus der emotionale und kognitive Zustand eines Menschen ableiten. Gefühle wie Ärger oder Frustration beispielsweise verraten sich durch spezifische Veränderungen in der Herz-Kreislauf-Aktivität und Atemmustern. Gesteigerte Konzentration bei schwierigen Aufgaben produziert charakteristische Veränderungen in der Aktivierung von Hirnregionen, die mittels Elektroenzephalogramm (EEG) aufgezeichnet werden können.

Der gläserne Mensch?

Wissenschaftler möchten mit Hilfe dieser physiologischen Veränderungen Technologien entwickeln, die auf äußere Umstände reagieren und die Gegebenheiten anpassen, um die Qualität von Mensch-Computer-Interaktionen zu verbessern. Ein Computer, der anhand der Herzsignale Frustration erfassen würde, könnte so programmiert werden, dass er in diesem Fall Hilfe anbietet oder beruhigende Musik spielt. Sensoren in einem Smartphone würden Stress während einer anstrengenden Fahrt bei dichtem Verkehr oder schlechtem Wetter registrieren und automatisch alle Anrufe auf die Mailbox umleiten. Dieses Szenario, in dem Software proaktiv und auf implizitem Wege auf dynamische Signale des Benutzers reagiert, wäre eine radikale Abkehr von der Art und Weise, wie wir Computer heute nutzen.

Ein gutes Beispiel ist die digitale Gesundheit, bei der drahtlose Geräte und Sensoren physiologische Aktivität aufzeichnen und so eine Fülle an quantitativen Daten zu Lebensstil und Gesundheitszustand liefern. Diese Daten können aufzeigen, wie sich veränderte Sport- oder Essensgewohnheiten auf physiologische Marker wie die Herz-Kreislauf-Aktivität auswirken. Ein Kollege, der ein Jahr lang ununterbrochen seine Herzschlagfrequenz mit einer Pulsuhr überwachte, erkannte beispielsweise, wie seine Arbeitsbelastung sein Schlafverhalten beeinflusste. Diese Art von ambulanter Messung – und der kumulativen Sammlung von Information – liefert große Datenmengen für jedes Individuum.

Die größte Hürde für eine solche Technologie ist bisher der Mangel an Sensoren, die sowohl unauffällig als auch fähig sind, qualitativ hochwertige Daten zu liefern. Das Feld tragbarer Sensoren entwickelt sich jedoch rasant. Das traditionelle Bild vom verkabelten Versuchsteilnehmer wird zunehmend abgelöst von einem neuen Bild, in dem diskrete, ambulante Sensoren die Daten direkt und kontinuierlich an Mobilgeräte übermitteln. Die Kameras von Smartphones ermöglichen, mit der entsprechenden App die Herzschlagfrequenz direkt vom Finger oder sogar aus der Distanz vom Gesicht abzulesen. Mit jeder Verbesserung der Sensoren wächst auch ihre Akzeptanz in der Bevölkerung. Ihre zunehmende Verbreitung wird ihrerseits nicht nur die Qualität der von ihnen erfassbaren Daten verbessern, sondern auch die möglichen Anwendungsbereiche ausdehnen. Eine kontinuierliche ambulante EEG-Überwachung zum Beispiel könnte für Epilepsie charakteristische Muster der Hirnaktivität aufdecken – eine hilfreiche Information nicht nur für die Betroffenen, sondern auch für Versicherungsunternehmen.

Wem gehören die Daten?

Solche Fortschritte werfen natürlich Fragen auf: Wem gehören die Daten? Wer darf solche Informationen erheben und speichern? Als Forscher würde ich nie ohne Einwilligung physiologische Daten eines Menschen im Labor oder außerhalb erheben. Doch die Bedenken hinsichtlich der Privatsphäre sind real, und ich denke, den meisten wäre bei solchen neuen Technologien wohler, wenn es lieber heute als morgen angemessenen Schutz und Regelungen gäbe. Die Fortschritte in der Genomik und der Gensequenzierung lösen bei vielen die Befürchtung aus, dass Dritte heimlich auf diese genetischen Daten zugreifen und sie analysieren können – und sei es nur ein Vaterschaftstest anhand einer Probe von einer benutzten Kaffeetasse (in Deutschland ist ein solcher heimlicher Vaterschaftstest seit 2010 verboten). Doch das Feld des »physiologischen Computing« benötigt auch Regelungen und Richtlinien für Forscher und andere.

Wir stehen erst am Anfang dieser Debatte, doch gibt es einen Punkt, der allen weiteren Diskussionen zu Grunde liegen sollte: Physiologische Daten einer Person sollten ihr gehören. Die Grundhaltung muss sein, dass diese Daten genauso vertraulich sind wie medizinische Akten – denn genau das sind sie.

Der Artikel erschien unter dem Titel »Physiological data must remain confidential« in *Nature* 505, S. 263, 2014

Wie digitale Transparenz die Welt verändert

Daniel C. Dennett, Deb Roy

So paradox es klingt: Die Entwicklung des Lebens im urzeitlichen Ozean kann uns einiges über die Zukunft unserer Gesellschaft lehren. Da im Zeitalter der digitalen Vernetzung kein Geheimnis mehr sicher ist, stehen wir an der Schwelle einer Epoche, die das Verhältnis von Öffentlichkeit und Privatleben ganz neu definieren muss.

Auf einen Blick

Die Zukunft der Vertraulichkeit

1. Vor rund 540 Millionen Jahren nahm die Vielfalt der in den urtümlichen Meeren lebenden Organismen enorm zu. Nach einer Hypothese wurde der Evolutionsschub durch die plötzliche Transparenz der Ozeane ausgelöst: Weithin sichtbare Tiere waren gezwungen, sich durch Panzer, Tarnung und Täuschungsmanöver an die neue Umwelt anzupassen.

2. Diese kambrische Explosion hilft beim Verständnis der gesellschaftlichen Veränderungen, welche die Digital-

© Springer-Verlag GmbH Deutschland 2017
C. Könneker (Hrsg.), *Unsere digitale Zukunft*, DOI 10.1007/978-3-662-53836-4_20

> technik mit sich bringen wird. Wenn Geheimnisse in einem Meer frei zugänglicher Informationen nur schwer zu bewahren sind, müssen Staaten, Firmen und Einzelpersonen neuartige Datenschutzmechanismen entwickeln.
> 3. Die digitale Transparenz wird mit der Zeit völlig neue Organisationsformen hervorbringen. Auf Dauer haben nur Systeme eine Chance, die sich schnell und flexibel an die Erfordernisse des Datenschutzes anpassen können.

Vor rund 543 Millionen Jahren ereignete sich die so genannte kambrische Explosion: eine spektakuläre Häufung biologischer Innovationen. Binnen weniger Millionen Jahre – nach geologischen Maßstäben fast augenblicklich – entwickelten Lebewesen völlig neue Körperformen, neue Organe, neue Strategien für Angriff und Verteidigung. Die Evolutionsbiologen streiten noch über die Ursache dieser erstaunlichen Welle von Neuerungen. Aber eine besonders überzeugende Hypothese des Zoologen Andrew Parker von der University of Oxford besagt, dass Licht der Auslöser war. Parker zufolge wurden damals die seichten Ozeane und die Atmosphäre durch plötzliche chemische Veränderungen viel lichtdurchlässiger. Zu jener Zeit gab es nur in den Meeren tierisches Leben, und sobald Sonnenlicht das Wasser durchdrang, wurde Sehkraft zum entscheidenden Evolutionsvorteil. Zugleich mit der rapiden Entwicklung von Augen entstanden auch entsprechend angepasste Verhaltensformen und weitere körperliche Besonderheiten.

Während zuvor alle Wahrnehmungen nur die nächste Nähe erfassten – durch direkten Kontakt oder durch Gespür für chemische Konzentrationsänderungen oder Druckwellen –, konnten Tiere nun auch entfernte Objekte identifizieren und verfolgen. Raubtiere schwammen gezielt auf ihre Beute zu; diese konnte sehen, dass sich Feinde näherten, und die Flucht ergreifen. Fortbewegung verläuft langsam und unsicher, solange sie nicht von Augen geleitet wird, und Augen sind nutzlos, wenn man sich nicht bewegen kann. Darum entwickelten sich Wahrnehmung und Bewegung parallel. Diese Koevolution war ein Hauptgrund für die Entstehung der heutigen Artenvielfalt.

Parkers Hypothese zur kambrischen Explosion liefert eine ausgezeichnete Vorlage zum Verständnis eines neuen, scheinbar völlig andersartigen Phänomens: der Ausbreitung der Digitaltechnik. Zwar haben Fortschritte der Kommunikationstechnik auch in der Vergangenheit unsere Welt verändert – die Erfindung der Schrift signalisierte das Ende der Vorgeschichte, die Druckerpresse erschütterte die ständische Gesellschaft –, aber die Auswirkungen der Digitaltechnik könnten alles Bisherige in den Schatten stellen. Sie wird die Macht einiger Personen und Organisationen vermehren und andere entmachten; und sie wird Chancen und Risiken mit sich bringen, die noch vor einer Generation unvorstellbar waren.

Durch die sozialen Medien verschafft das Internet dem Einzelnen globale Kommunikationswerkzeuge. Eine digitale Welt ohne etablierte Regeln tut sich auf. Dienste wie Youtube, Facebook, Twitter, Tumblr, Instagram, WhatsApp und SnapChat erzeugen neue Medien, die Telefon und Fernsehen Konkurrenz machen – und die Geschwindigkeit, mit der diese Medien auftauchen, ist atemberaubend. Da Ingenieure Jahrzehnte brauchten, um Telefon- und Fernsehnetze zu entwickeln und einzurichten, hatte die Gesellschaft Zeit, sich anzupassen. Heutzutage kann ein sozialer Dienst binnen Wochen entstehen, und womöglich nutzen ihn binnen Monaten hundert Millionen Menschen. Das enorme Innovationstempo gibt Organisationen keine Zeit, sich an ein Medium anzupassen, bevor schon das nächste auftaucht.

Der überstürzte Wandel, den diese Medienflut auslöst, lässt sich in einem Wort zusammenfassen: Transparenz. Wir können jetzt weiter, schneller, billiger und problemloser schauen als jemals zuvor – und auch gesehen werden. Jeder von uns erkennt, dass jeder zu sehen vermag, was wir sehen; wir befinden uns in einem rekursiven Spiegelsaal gegenseitigen Wissens, der zugleich befähigt und behindert. Das uralte Versteckspiel, welches das gesamte Leben auf unserem Planeten geformt hat, verlagert auf einmal sein Spielfeld, seine Ausstattung und seine Regeln. Spieler, die sich nicht anpassen können, werden bald ausscheiden.

Unseren Organisationen und Institutionen stehen tief greifende Veränderungen bevor. Regierungen, Armeen, Kirchen, Universitäten, Banken und Firmen haben sich in einem relativ trüben Erkenntnismilieu entwickelt, in dem das meiste Wissen lokal begrenzt blieb, Geheimnisse leicht bewahrt wurden und der Einzelne kurzsichtig oder sogar blind war. Wenn diese Organisationen plötzlich in hellem Licht stehen, entdecken sie schnell, dass sie sich nicht mehr auf die alten Methoden verlassen können; sie müssen auf die neue Transparenz reagieren oder untergehen. Genau wie eine lebende Zelle eine wirksame Membran braucht, um ihre inneren Mechanismen gegen die Wechselfälle der Außenwelt zu schützen, so benötigen soziale Organisationen ein schützendes Interface zwischen ihren inneren Angelegenheiten und der Öffentlichkeit – und die alten Schutzschirme verlieren ihre Wirksamkeit.

Klauen, Kiefer, Panzer

In seinem Buch *In the Blink of an Eye* argumentierte Parker, die äußeren harten Körperteile der Fauna hätten am unmittelbarsten auf den extremen Selektionsdruck der kambrischen Explosion reagiert. Die plötzliche Transparenz der Meere führte zur Entstehung kameraähnlicher Sehorgane, die wiederum eine rasche Anpassung von Klauen, Kiefern, Panzern und schützenden Körperteilen nach sich zogen. Außerdem entwickelten sich Nervensysteme, als manche Tiere begannen, sich als Räuber zu betätigen, während andere zu Flucht und Tarnung übergingen.

Analog können wir erwarten, dass Organisationen auf den digitaltechnisch verursachten Druck der sozialen Transparenz mit Anpassungen ihrer äußeren Körperteile reagieren. Außer den Organen, mit denen diese Außenschicht Güter und Dienstleistungen liefert, enthält sie informationsverarbeitende Elemente zur Kontrolle und Selbsterhaltung, zum Beispiel Abteilungen für Werbung, Marketing und Rechtsfragen. Hier macht sich die Wirkung der Transparenz am direktesten bemerkbar. Durch soziale Netze wandern Gerüchte und Meinungen jetzt in Tagen oder gar Stunden rund um den Erdball. Werbe- und Marketingabteilungen müssen neuerdings »im Gespräch bleiben« – das heißt, auf den einzelnen Kunden nachvollziehbar, ehrlich und flexibel eingehen. Organisationen mit unbeweglichen Rechtsabteilungen, die Wochen oder Monate brauchen, um Kommunikationsstrategien zu entwickeln, werden bald das Nachsehen haben. Alte Gewohnheiten müssen sich ändern, oder die Organisation versagt.

Der leichtere Zugang zu Daten ermöglicht eine neue Form des politischen Kommentars, die sich auf umfassende empirische Beobachtungen stützt. Das demonstrierte der Datenjournalist Nate Silver anlässlich der amerikanischen Präsidentenwahl 2012. Während einige Nachrichtenbüros behaupteten, sie wüssten schon nach ein paar Umfragestichproben, warum ihr Kandidat gewinnen würde, lieferte Silver Analysen, die auf sämtlichen verfügbaren Umfragedaten beruhten. Silver sagte nicht nur die Wahlergebnisse frappierend exakt voraus, sondern zerstreute durch das Veröffentlichen seiner Methodik auch jeden Verdacht, es handle sich bloß um Zufallstreffer. Seit transparente Umfragen immer leichter zugänglich werden, haben

Nachrichtenagenturen und politische Kommentatoren, die einseitige Geschichten verbreiten, ein immer schwereres Spiel.

Vor einer ähnlichen Herausforderung stehen die Hersteller von Konsumgütern. Nutzerbewertungen von Waren und Dienstleistungen verändern das Machtverhältnis zwischen Kunden und Firmen. Das Etablieren einer Marke wird schwieriger, wenn die Meinung der Konsumenten an Gewicht gewinnt. Flexible Firmen lernen, schnell und öffentlich auf Beschwerden und negative Bewertungen zu reagieren – und falls die Kritik überwiegt, müssen sie das Produkt verändern oder ganz fallen lassen. Es hat keinen Zweck mehr, Geld in die Vermarktung mittelmäßiger Produkte zu stecken.

Kleine Gruppen von Menschen mit gleichen Werten, Überzeugungen und Zielen, die sich im Fall einer Krise mittels ad hoc improvisierten internen Kommunikationskanälen schnell absprechen können, werden mit der neuen Transparenz am besten zurechtkommen. Um diese flexiblen Organisationen von großen hierarchisch gegliederten Bürokratien zu unterscheiden, könnte man sie »Adhokratien« nennen. Wenn die Zwänge der wechselseitigen Transparenz weiter wachsen, werden sich vermutlich neuartige Organisationsformen herausbilden, die viel dezentraler arbeiten als heutige. Zudem dürfte der Selektionsdruck kleinere Gebilde favorisieren und Großorganisationen vielleicht überhaupt zum Aussterben verurteilen.

Geheimnisse ohne Dauer

Von Louis D. Brandeis (1856–1941), Richter am Obersten Gerichtshof der USA, stammt der Ausspruch: »Sonnenlicht gilt als das beste Desinfektionsmittel.« Das stimmt sowohl buchstäblich als auch im übertragenen Sinn. Doch Sonnenlicht kann auch gefährlich sein. Töten wir mit unserem Reinigungsseifer nicht zu viele nützliche Zellen ab? Laufen wir nicht Gefahr, den

Zusammenhalt oder die Wirksamkeit von Organisationen zu zerstören, indem wir ihr Innenleben allzu sehr entblößen?

Brandeis war ein prinzipieller Gegner der Geheimhaltung. Offenbar meinte er, je transparenter eine Institution sei, desto besser. Gut 100 Jahre später kann die von ihm angestoßene Kampagne viele Erfolge vorweisen. Doch trotz aller politischen Phrasen über die segensreichen Vorzüge der Transparenz herrscht in den Zentren der Macht weiterhin Geheimhaltung – und das aus gutem Grund.

Eine biologische Betrachtung macht deutlich, dass Transparenz nicht nur Vorteile hat. Tiere und sogar Pflanzen informieren sich mit ihren Sinnesorganen über die Umgebung und handeln, um ihr Wohlergehen zu mehren. In ähnlicher Weise ist eine menschliche Organisation ein Akteur, der aus zahlreichen tätigen, lebenden Teilen besteht – aus Menschen. Doch anders als pflanzliche oder tierische Zellen haben Menschen vielerlei Interessen und Wahrnehmungsfähigkeiten. Ein vielzelliger Organismus muss nicht befürchten, dass seine Bestandteile von Bord gehen oder eine Meuterei anzetteln; außer im Fall einer Erkrankung sind Zellen gelehrige, gehorsame Sklaven. Dagegen verfügen Menschen über individuelle Macht und sind äußerst neugierige Wesen.

Das war nicht immer so. In früheren Zeiten konnten Diktatoren hinter hohen Mauern ganz ungehindert herrschen. Sie verfügten über hierarchische Organisationen aus Funktionären, die sehr wenig von dem System wussten, dem sie angehörten, und noch weniger vom Zustand der Welt, ob nah oder fern. Die Kirchen sind seit jeher besonders geübt darin, die Neugier ihrer Mitglieder zu durchkreuzen; sie liefern ihnen unzureichende oder verzerrte Informationen über den Rest der Welt und hüllen die internen Handlungen, Geschichten, Finanzen und Ziele in geheimnisvollen Nebel. Auch Armeen pflegen ihre Strategien geheim zu halten – und zwar nicht nur vor dem Feind, sondern auch vor der Truppe. Soldaten, welche die mutmaßlichen Opferzahlen einer Operation kennen, werden nicht so gut kämpfen wie diejenigen, die von ihrem wahrscheinlichen Schicksal keine Ahnung haben. Außerdem kann ein unwissender Soldat weniger preisgeben, wenn er in Gefangenschaft gerät.

Eine grundlegende Erkenntnis der Spieltheorie besagt, dass die Akteure Geheimnisse bewahren müssen. Wer einem Mitspieler den eigenen Zustand enthüllt, verliert wertvolle Autonomie und läuft Gefahr, manipuliert zu werden. Um auf einem freien Markt in fairen Wettbewerb zu treten, schützen die Firmen die Rezepte für ihre Produkte, ihre Expansionspläne und andere Unternehmensdaten. Schulen und Universitäten müssen ihre Prüfungsaufgaben bis zum Zeitpunkt des Examens unter Verschluss halten. US-Präsident Barack Obama versprach zwar eine neue Ära der Regierungstransparenz, aber trotz bedeutsamer Verbesserungen herrscht in vielen Bereichen weiterhin strikte Geheimhaltung und Immunität. Das soll auch so sein. Beispielsweise müssen Wirtschaftsstatistiken bis zu ihrer offiziellen Verlautbarung geheim bleiben, damit Insider keinen Vorteil daraus ziehen können. Eine Regierung braucht ein Pokerface, um ihre Handlungen auszuführen – aber die neue Transparenz erschwert das mehr als jemals zuvor.

Wie die Enthüllungen Edward Snowdens über die Machenschaften des US-Geheimdienstes National Security Agency (NSA) demonstrieren, kann ein einzelner »Maulwurf« oder Whistleblower eine gewaltige Organisation erheblich stören. Zwar streute Snowden seine Informationen mit Hilfe traditioneller Nachrichtenkanäle, aber erst die verstärkende Resonanz in den sozialen Medien sorgte dafür, dass die öffentliche Aufregung nicht erlahmte, die NSA dauerhaft unter internationalen Druck geriet und die US-Regierung handeln musste.

Die NSA reagiert darauf mit einer drastischen Anpassung ihrer »Außenhaut«. Die bloße Tatsache, dass sie sich öffentlich gegen Snowdens Anschuldigungen verteidigte, war ohne Beispiel für eine Organisation, die lange in völliger Verborgenheit agiert hatte. Sie muss nun herausfinden, welche Art von Geheimnissen sie in einer immer transparenteren Welt überhaupt zu bewahren vermag. Der frühere NSA-Chefberater Joel Brenner kommentierte den plötzlichen Wandel der Arbeitsbedingungen anlässlich eines Forums, das im Dezember 2013 am Media Lab des Massachusetts Institute of Technology stattfand: »Sehr wenig wird künftig geheim sein, und was geheim gehalten wird, wird nicht sehr lange geheim bleiben ... Das eigentliche Ziel der Geheimhaltung ist jetzt die Verlängerung der Zerfallszeit von Geheimnissen. Sie sind wie radioaktive Elemente.«

Als Optimisten hoffen wir, dass diese Umbruchperiode uns Organisationen beschert, die den ethischen Maßstäben der Zivilgesellschaft besser entsprechen, und dass wirksame neue Verfahren zur Korrektur unerwünschten Organisationsverhaltens entstehen. Dabei können wir nicht ausschließen, dass unsere Nachrichtendienste dauerhaft geschwächt werden und künftig Gefahren schlechter erkennen.

Informationskriege

Die kambrische Fauna erfand bei ihrem evolutionären Rüstungswettlauf eine Fülle von Ausweichmanövern und Gegenmaßnahmen, und dieses Arsenal von Finten ist seitdem fortwährend gewachsen. Die Tiere haben Tarnungen und Alarmrufe entwickelt sowie grelle Markierungen, die möglichen Räubern fälschlich anzeigen, die Beute sei giftig. Die neue Transparenz wird zu einer ähnlichen Flut von Techniken für den Informationskrieg führen: Kampagnen zur Diskreditierung von Quellen, Präventivangriffe, verdeckte Operationen und so fort.

Die Natur hat seit jeher die Entwicklung täuschender Schutzmechanismen angeregt. Der Tintenwolke, die ein Kopffüßer auf der Flucht vor einem Räuber ausstößt, entsprechen im modernen Luftkrieg Wolken von Metallfäden, die Radarstrahlen reflektieren, oder Scheingefechtsköpfe, die Abwehrraketen irreführen. Wir sagen Täuschmittel voraus, die einfach aus Megabytes von Desinformation bestehen. Sie dürften rasch von raffinierteren Suchmaschinen entlarvt werden, was wiederum die Erzeugung noch trügerischerer Falschmeldungen provoziert. Zugleich entstehen immer neue Verfahren zur Verschlüsselung und Dechiffrierung, mit denen Organisationen und Einzelpersonen ihre Daten zu schützen suchen.

Eine Artenexplosion von Organisationen

Aus unserem Vergleich mit der kambrischen Explosion folgt schließlich, dass wir bald eine enorme Artenvielfalt von Organisationen erleben werden. Das geschieht derzeit noch nicht, aber wir können nach Vorzeichen Ausschau halten:

- In den USA wurde kürzlich eine neue Klasse von Firmen namens Benefit Corporations geschaffen. Eine solche B Corp verfolgt nicht nur das Unternehmensziel, maximalen Gewinn zu machen, sondern strebt erklärtermaßen auch positive Wirkungen auf Gesellschaft und Umwelt an.
- Google und Facebook brachen mit einer Tradition, indem sie für ihre Gründer ungewöhnlich mächtige Stimmrechte in Kraft setzten und dadurch öffentlich gehandelte Firmen schufen, die dennoch unter privater Kontrolle bleiben. Damit können die Gründer ihr Unternehmen nach langfristigen Plänen führen, ohne groß Rücksicht auf die kurzfristigen Kursschwankungen der Börse zu nehmen.
- Die Proteste am Beginn des so genannten arabischen Frühlings hätten ohne den Einsatz sozialer Medien niemals so

schnell derartige Ausmaße erreichen können. Darin zeigt sich vielleicht eine neuartige Form spontaner, freilich auch vergänglicher Selbstorganisation.

Anscheinend stehen wir tatsächlich am Beginn einer radikalen Auffächerung des Stammbaums menschlicher Organisationsformen.

Das Tempo, in dem die Transparenz eine Organisation prägt, hängt von deren Stellung im Wettbewerb ab – quasi von ihrer ökologischen Nische. Firmen sind dem Einfluss der öffentlichen Meinung am meisten ausgesetzt, denn der Kunde kann sich leicht für Alternativen entscheiden. Wird eine über Jahrzehnte hinweg aufgebaute Marke vernachlässigt, verschwindet sie vielleicht binnen Monaten vom Markt. Kirchen und Sportvereine sind durch die tief verwurzelten kulturellen Gewohnheiten und sozialen Vernetzungen ihrer Mitglieder etwas besser geschützt. Doch wenn Kindesmissbrauch oder Kopfverletzungen, die vor dem Aufkommen des Internets lange ignoriert wurden, ins grelle Licht der Transparenz geraten, müssen sich selbst die mächtigsten dieser Organisationen anpassen – oder sie gehen unter.

Regierungssysteme sind am besten geschützt vor unmittelbarem evolutionärem Druck. Durch soziale Medien forcierte Proteste können zwar Regierende und Parteien stürzen, aber die etablierten Staatsorgane bleiben von einem Wechsel der politischen Führung meist ziemlich unberührt. Der Staatsapparat ist nur geringem Wettbewerbsdruck ausgesetzt und entwickelt sich deshalb am langsamsten. Doch selbst hier sollten wir einen erheblichen Wandel erwarten, denn die Macht, welche Einzelpersonen und Außenseiter durch den Einblick in Organisationen gewinnen, wird zweifellos zunehmen. Unter öffentlichem Druck gewähren Regierungen Zugang zu riesigen

Strömen von Rohdaten, die über interne Vorgänge Auskunft geben. In Verbindung mit Fortschritten in groß angelegter Musteranalyse, Datenvisualisierung und datengestütztem Journalismus beschleunigen machtvolle soziale Rückkopplungsschleifen die Transparenz von Herrschaftssystemen.

Die neu entstehende menschliche Ordnung stößt allerdings an gewisse selbst gesetzte Grenzen. Ameisenstaaten können mehr erreichen als einzelne Ameisen, und ebenso überschreiten menschliche Organisationen die Fähigkeiten Einzelner. So können Erinnerungen, Überzeugungen, Pläne, Aktionen und vielleicht sogar Werte entstehen, die weit über menschliches Maß hinausgehen. Doch unser Entwicklungsweg schreibt uns nun einmal vor, noch so übermenschliche Organisationen an den Werten zu messen, die für jedes Individuum gelten. Diese selbstregulierende Dynamik, welche die beschleunigt wachsende Fähigkeit zur Kommunikation zwischen Mensch und Maschine dem Wohl des Individuums unterwirft, zeichnet unsere Gattung vor anderen Lebensformen aus.

Quellen

- **Dennett, D**: The Social Cell: What do Debutante Balls, the Japanese Tea Ceremony, Ponzi Schemes and Doubting Clergy All Have in Common? In: New Statesman 140, S. 48–53, 2011
- **Greenwald, G**: Die globale Überwachung: Der Fall Snowden, die amerikanischen Geheimdienste und die Folgen. Droemer, München 2014
- **Parker, A**: In the Blink of an Eye. How Vision Sparked the Big Bang of Evolution. Basic Books, New York 2003

Teil IV

Digitalisierung des Alltags und Menschenbild

Die smarte Stadt der Zukunft

Carlo Ratti, Anthony Townsend

Um den Verkehr oder das Müllmanagement zu optimieren, benötigt jede Stadtverwaltung Informationen. Smartphones und andere Kommunikationsmittel bieten dabei in vielen Fällen Vorteile gegenüber Sensoren – und soziale Netzwerke fördern sogar die Kreativität der Bürger.

Auf einen Blick

Urbane Netzwerke

1. Der Siegeszug moderner Kommunikationsgeräte wie Smartphones eröffnet ungeahnte Möglichkeiten für die Stadtplanung.
2. Die »smarte Stadt der Zukunft« baut auf die Vernetzung von Mensch und Technik, um effizienter, innovativer und auch lebendiger zu werden.
3. Um die Bürger möglichst effektiv in die urbanen Prozesse einzubinden, sollten die Planer Bottom-up-Ansätze verfolgen.

© Springer-Verlag GmbH Deutschland 2017
C. Könneker (Hrsg.), *Unsere digitale Zukunft*, DOI 10.1007/978-3-662-53836-4_21

Am 6. Januar 2011 wurde der tunesische Blogger Slim Amamou als Regimekritiker verhaftet. Doch über das soziale Netzwerk »Foursquare« informierte er Freunde und Journalisten. Foursquare basiert auf einer Applikation, kurz: App, für Mobiltelefone. Weil es den im Gerät eingebauten GPS-Sensor nutzt, um dem Netzwerk beim Log-in automatisch den Standort zu melden, konnte Amamou im Gefängnis von Tunis geortet werden. Die Festnahme fand weltweit ihren Nachhall in der Presse – und entfachte weitere Aufstände. So trug die Generation Internet dazu bei, dass Präsident Zine el-Abidine Ben Ali acht Tage später nach Saudi-Arabien floh.

Keine zwei Wochen darauf entbrannten auch auf Kairos Straßen die Proteste gegen das dort herrschende Regime. Wieder kam den modernen Kommunikationsmedien eine wichtige Rolle zu. Zwar ließ die Regierung alsbald sowohl den Internetservice als auch das Mobilfunknetz des Landes außer Betrieb nehmen. Doch via Facebook, Twitter und Chatrooms hatten sich bereits Millionen Menschen miteinander solidarisiert. Weil die Wirtschaft des Landes Schaden zu nehmen drohte, wurden die Medien wieder frei gegeben. Die Massenproteste hielten an, Präsident Hosni Mubarak dankte am 11. Februar ab.

Soziale Netzwerke, Internet und Handys schaffen offenbar bereits heute Rahmenbedingungen, unter denen urbane Gesellschaften ihre Lebenswelten verändern. Viele Stadtplaner beschränken sich jedoch in ihren Konzepten von »Smart Citys« – mit informationsverarbeitenden Technologien ausgestatteten Städten – auf die Optimierung einzelner Prozesse. Als Flaggschiff solcher Projekte kann Masdar in den Vereinigten Arabischen Emiraten gelten, eine für 50.000 Bewohner aus der Wüste gestampfte Stadt. Dort ist jedes Gebäude und jedes Fahrzeug, ja sogar jede Straßenlaterne mit Hightechzubehör ausgestattet, um den Energieverbrauch auf ein Minimum zu reduzieren. Das Gleiche gilt für New Songdo City in Südkorea und PlanIT Valley in Portugal.

Solche von Planern, IT-Firmen und Behörden strukturierten und somit den Bürgern aufgezwungenen »Top-down«-Konzepte sind jedoch problematisch. Nach fünf Jahren und mehr als einer Milliarde Dollar Kosten wird beispielsweise Masdar bereits neu überdacht. Wirklich smarte Städte sollten einem Vogel- oder Fischschwarm gleichen, in dem jedes Individuum auf subtile Weise auf seine Nachbarn reagiert. Hunderttausende von Menschen erstritten auf Kairos Tahrir-Platz nicht deshalb eine Veränderung, weil ihnen das von einem Team von »Demokratieplanern« verordnet worden wäre, sondern weil Freunde und Bekannte sie via SMS und Twitter dorthin gerufen haben. Die beste Option, urbane Zentren zukunftsfähig zu machen, ist demnach ein Bottom-up-Ansatz. Wie immer die Ziele lauten, ob »Nachhaltigkeit in der Energieversorgung« oder »weniger Staus« – mit der richtigen technischen Unterstützung könnten die Stadtbewohner effektiver dazu beitragen als bei zentralisierten Konzepten. Mehr noch: Durch virtuelle soziale Netzwerke entstünde eine neue Form realer Geselligkeit und urbaner Kreativität.

Tatsächlich genießen Smart Citys hohe Aufmerksamkeit. Der IT-Konzern IBM prognostizierte weltweit einen Zehn-Milliarden-Dollar-Markt auf diesem Gebiet bis zum Jahr 2015. Ein wenig erinnert das an die Veränderungen im Formel-1-Geschäft vor zwei Jahrzehnten. War der Erfolg auf der Rennstrecke bis dahin vorwiegend von der Mechanik des Autos und den Fähigkeiten des Fahrers abhängig, wurden die Boliden nun in regelrechte Computer verwandelt, die in Echtzeit die Informationen einer Vielzahl von Sensoren verarbeiteten, um das Fahrzeug den Bedingungen des Rennens ständig neu anzupassen.

Seit dem letzten Jahrzehnt durchdringen digitale Technologien auch unsere Städte. Breitbandnetze und Mobilfunksta-
tionen verbinden Handys, Smartphones und Tablet-PCs, die
zudem erschwinglicher werden. Datenbanken bieten Informationen, die oft von öffentlichen Displays abrufbar sind.
Hinzu kommt ein stetig wachsendes Netzwerk von Sensoren,
mit denen beispielsweise Verkehrsströme oder die Luftverschmutzung erfasst werden können.

Dem Müll auf der Spur
Die riesige Datenmenge, die dadurch entsteht, bildet die
Grundlage einer »Programmierung der Infrastruktur«. In
Stockholm nehmen Kameras automatisch die Nummern-
schilder der Autos auf, die ins Stadtzentrum fahren; die Halter
werden ermittelt und ihre Konten je nach Tageszeit belastet,
mit maximal 60 Kronen (knapp sieben Euro) pro Tag. Das
hat die Zahl der Fahrten durch die Innenstadt reduziert und
damit die Stauzeiten um 50 Prozent, die umweltrelevanten
Emissionen um 15 Prozent gesenkt.

Drei Projekte, die vom SENSEable City Laboratory am
Massachusetts Institute of Technology in Boston entwickelt
wurden, zeigen weitere Möglichkeiten auf. »Trash Track« soll
den Weg des Mülls durch das Abfallsystem einer Stadt aus-
kundschaften, um die Entsorgungskette zu optimieren. Dazu
erhalten Abfallstücke elektronische Labels, die Informationen
an das Mobilfunknetz senden. In einem in Seattle durchgeführten Test verfolgte das Labor so den Weg von mehr als
2000 solcher Markierungen an Wiederverwertbarem ebenso
wie an Sondermüll und Elektrogeräten. Einige der Objekte
reisten quer durch die Vereinigten Staaten! Den Rekord stellte
eine Druckerpatrone auf, die 6152 Kilometer bis zur Entsor-

gung zurücklegte. Zudem endeten nicht alle Labels an legalen Endpunkten. Die Ergebnisse zeigten Möglichkeiten auf, die mit dem Transport einhergehenden Kohlendioxidemissionen zu verringern. Seattle könnte die Informationen dazu nutzen, um seine Bürger stärker zum Recycling beziehungsweise zur sachgerechten Entsorgung anzuregen.

Zum Klimagipfel 2009 in Kopenhagen entwickelte das Labor das »Copenhagen Wheel«, mit dem sich Fahrräder zum intelligenten E-Bike aufrüsten lassen. Der Einbau am Hinterrad speichert nämlich nicht nur die beim Bremsen sonst verlorene Energie in einem Akku und treibt damit einen Elektromotor an. Es registriert auch über Sensoren Daten zu Luftverschmutzung, Temperatur und Feuchtigkeit. Via Smartphone können diese weitergesendet oder später ausgewertet werden, um die tägliche Radstrecke zu optimieren. Über Handy lässt sich das Bike auch abschließen.

Das dritte Projekt, LIVE Singapore, benutzt die von der Myriade an Kommunikationswerkzeugen, Mikrokontrollern und Sensoren aufgezeichneten Echtzeitdaten, um den Puls einer Stadt von Moment zu Moment zu erfassen. Eine für alle zugängliche Software ermöglicht es sämtlichen Bürgern, Apps zu entwickeln, welche diese Daten auswerten. Derzeit entsteht beispielsweise ein Informationssystem für Berufspendler, das ihren Heimweg verkürzen soll; ein Analysewerkzeug zur Senkung des Energieverbrauchs und eine elektronische Hilfe, ein Taxi zu bekommen, wenn wieder mal ein Regensturm über die Insel zieht. Das Potenzial smarter Infrastruktur ist gewaltig. Es verwundert daher nicht, dass viele große Konzerne wie etwa IBM, Cisco Systems, Siemens, Accenture, Ferrovial und ABB ihr Augenmerk auf den städtischen Raum richten.

Planungsziel: Die lebendige Stadt

Doch die Gefahr ist groß, dass sie vor allem in Top-down-Konzepte investieren. Denn Wert und Bedeutung einer Stadt lassen sich nicht allein an ihrer Effizienz und auch nicht nur an ihrer Nachhaltigkeit bemessen, sondern vielmehr am Grad der »Sociability«. Der schwer ins Deutsche zu übersetzende Begriff umschreibt die Lebendigkeit eines sozialen Systems. Und selbst wenn es Bauwerke von Stararchitekten sind, die unser Bild von Metropolen prägen – man denke etwa an den Eiffelturm in Paris oder das Empire State Building in New York –, sind Straßen und Stadtteile doch das Werk gewöhnlicher Menschen. Der Städtebau ist ein dezentraler Prozess, bei dem aus einer kollektiven Anstrengung kommunale Architektur entsteht.

Dieses organische Wachstum klassischer Metropolen sollten die Planer smarter Städte bedenken. Wer der künftigen Gemeinschaft ein starres Design aufzwingt, scheitert oft dabei, ihre Bedürfnisse zu erfüllen, ihre Kultur widerzuspiegeln und jene Vielfalt an Aktivitäten und Angeboten zu ermöglichen, die das Leben in gewachsenen Städten so attraktiv macht. Auch so manches Projekt, ein smartes Haus zu kreieren, misslang, weil die Entwickler falsche Annahmen darüber machten, wie die Bewohner die angebotenen Technologien im Alltag nutzen wollen – eine Anpassung der Konfiguration an das reale Leben hatten sie nicht vorgesehen.

Top-down-Visionen vernachlässigen überdies das innovative Potenzial der Menschen. Nehmen wir etwa die Flut von Ideen, die Wettbewerbe wie die »BigApp Challenges« der Stadt New York hervorbringen, bei dem die zehn besten Vorschläge für urbane Apps ausgezeichnet werden. 2011 gehörten zu den Siegerideen: eine farbcodierte Karte der Parkmöglichkeiten, eine Sammlung von Freiwilligeninitiativen, eine Datenbank zu Fahrradunfällen, um sichere Radrouten zu entwerfen. Verglichen damit nehmen sich Versprechungen über die Vorteile von Videokonferenzen in New Songdo City deutlich schwächer aus.

Ein ausschließlicher Fokus auf effiziente Abläufe ignoriert fundamentale bürgerliche Ziele wie Lebensqualität, Demokratie und Rechtsstaatlichkeit. Sociability durch Technik zu fördern hingegen trifft diese Anforderungen – und eröffnet gleichzeitig neue Herangehensweisen an die Effizienz. Ein Beispiel unter vielen: die Smartphone-App »Dopplr«, eine Art Tagebuch und Planungswerkzeug für Fernreisende. Weil alle Einträge für einen vom Nutzer bestimmten Personenkreis einsehbar sind, können sich Bekannte an einem Ort verabreden und einander etwa Reisetipps geben. Und da das Programm auch die durch eine Reise verursachte Kohlendioxidemission abschätzt, besteht die Möglichkeit, dass soziale Interaktion ein umweltfreundlicheres Verhalten fördert.

Wie ließe sich also eine Smart City entwerfen, bei der die Förderung der Sociability Vorrang hat? Ein idealer Anfang ist es, die wachsende Zahl von Smartphones zum Vorteil der Gemeinschaft zu nutzen: indem ihre Besitzer als Sensoren fungieren. Die Verkehrsfunktion auf Google Maps ist ein gutes Beispiel dafür. Anstatt ein teures Netzwerk von Messfühlern entlang der Straßen zu installieren, fragt Google permanent den Standort von Mobilfunkgeräten ab, die einer Schar von Freiwilligen gehören. Daraus berechnen Computer, wo der Verkehr gut fließt, wo es nur langsam vorangeht oder sich gar staut. Diese Information wird via App an Autofahrer weitergegeben – als farbig codierte Verkehrsgeschwindigkeit, als Angabe zur geschätzten Fahrzeit beziehungsweise der sich ergebenden Verzögerungen oder durch den Vorschlag alternativer Routen.

Google ist sicher keine Bottom-up-Plattform, doch dieser Service illustriert, wie Sensordatenteilung das Management einer urbanen Infrastruktur unterstützen kann. Jeder Nutzer sucht sich die beste Strecke auf Grund der Beobachtungen einer Gruppe.

Freilich bedarf es nicht mobiler Alleskönner im Handyformat, um Bottom-up-Ansätze zu realisieren. 2009 verteilten das Green Watch Project und die Internetfirma Fing in Paris insgesamt 200 Geräte, die lediglich den Ozongehalt der Luft sowie den Geräuschpegel bestimmten, während die Projektteilnehmer ihren Beschäftigungen nachgingen und die Daten weitersandten: Diese wurden über das Kartensystem Citypulse veröffentlicht. Zuvor hatte die Metropole Paris weniger als ein Dutzend Ozonmessstationen betrieben. Im ersten Versuch kamen in einem einzigen Stadtteil mehr als 130.000 Messungen zusammen – und zwar zu einem Bruchteil der Kosten fester Installationen. Das Experiment zeigte auch, dass sich die Bürger in Umweltfragen gern engagieren. Zukünftig könnten Sensoren für solche Basisnetzwerke in diverse Alltagsobjekte eingebaut werden, selbst in Kleidungsstücke.

Und es geht noch ein ganzes Stück einfacher. Heute haben viele Gemeinden in den Vereinigten Staaten unter der Nummer 311 Telefonhotlines eingerichtet, die Bürger schnellen Zugang zu Informationen und Dienstleistungen der Stadtverwaltungen geben sowie die Möglichkeit, Meldungen zu erstatten. Diese sind dann über eine entsprechende App auch anderen zugänglich. Zum Beispiel reagierte ein Bewohner Bostons über eine 311-App namens »Citizen's Connect« auf den Hilferuf eines anderen Bewohners, dem ein streunendes Opossum in die Mülltonne geraten war. Er konnte das Tier innerhalb einer halben Stunde befreien – lange bevor städtische Angestellte auch nur eine Antwort auf den Hilferuf geschickt hatten – und hinterließ im 311-System die Information, dass die Angelegenheit erledigt sei. Solche Werkzeuge werden sich zu wikiähnlichen Informationsspeichern entwickeln, die es Bürgern ermöglichen, sich zu organisieren und gegenseitig zu helfen. Freilich dürfen die Verwaltungen dies nicht als Möglichkeit ansehen, ihre Verpflichtungen abzugeben und Kosten zu sparen. Aber selbst dagegen ist ein smartes Kraut gewachsen: Internetnachrichtenseiten wie »EveryBlock« berichten über lokale Themen und überwachen Verwaltungen viel genauer als Zeitungen oder Fernsehen.

Bottom-up-Verfahren nutzen überdies die Sociability als Hebel, um Aktivitätsmuster zu ändern. Das anfangs erwähnte soziale Netzwerk »Foursquare« kann beispielsweise das Ausgehen zu einer Art urbanem Spiel machen: Es weiß, wer ein Café, eine Bar oder ein Restaurant am häufigsten besucht, und verleiht ihm einen Ehrentitel (Mayor). Derart öffentlich gemachte Personen geben dem Netzwerk einen persönlichen Anstrich, ohne den selbst eine Hightechstadt nicht auskommt. Das lässt sich auch auf andere Art unterstützen – durch Technik, die auf den Menschen reagiert. Ein prominentes Beispiel ist der digitale Wasserpavillon auf dem Gelände der Expo 2008 in Saragossa (Spanien). Seine »Wände« bestehen aus Wasservorhängen, die aus mehr als 3000 computergesteuerten Düsen gespeist werden. Sensoren melden die Gegenwart von Menschen, und das Gebilde verändert sich: Ein Durchgang in das Gebäude wird frei gegeben, Muster und Bilder entstehen.

Neuartige Computerschnittstellen werden auch Menschen unterstützen, die sich mit Technik schwertun. So hat etwa das Institute for Creative Technologies der University of Southern California in Los Angeles ein gestengesteuertes Eingabegerät für das Programm Googlemail entwickelt, das zusammen mit Sprachsynthese- und -erkennungsprogrammen auch Analphabeten, Älteren und Behinderten die Benutzung eines E-Mail-Programms und des Internets ermöglichen könnte. Bleibt abzuwarten, welche Impulse solche Technologien auslösen, wenn sie dereinst in den Armenvierteln der großen Metropolen zur Verfügung stehen, wie etwa in den mehr als 600 Internetcafés der Pontos de Cultura (Kulturtreffpunkte) in den Favelas Brasiliens.

Obwohl Top-down-Konzepte wie Masdar zu einseitig ausgerichtet sind, zeichnet sie doch eines aus: Ihr Ziel ist klar definiert. Eine von der Basis aus errichtete smarte Stadt hingegen bleibt stets eine Baustelle, ein chaotisches Labor für urbane Innovationen. Es fehlt noch an Methoden zu Analyse und Evaluation. An dieser Stelle können Architekten, Planer und Technologen effektiv bei der Gestaltung smarter Städte mitwirken – indem sie die Ingenieursressourcen mit den Aktivitäten der Basis abstimmen. Die Stadtverwaltungen von New York City, London, Singapur und Paris unternehmen gerade die ersten vorsichtigen Schritte in diese Richtung, indem sie ihre Datenbanken öffentlich zugänglich machen. Damit können auch Unternehmern Apps anbieten, die diese Informationsquellen nutzen, um die Bedürfnisse der Bürger zu befriedigen.

Denn schließlich ist es Aufgabe einer Administration, auf ihre Bürger zu hören und mit ihnen zusammen Visionen zu entwickeln. Zwar führen manche Experimente zu Musterlösungen für alle, doch jede Gemeinde hat einzigartige Bedingungen und Ressourcen.

Angriff auf das Stromnetz

David M. Nicol

Computerviren haben bereits gezielt industrielle Steuerungssysteme infiziert. Als Nächstes könnte das Stromnetz in das Fadenkreuz von Saboteuren geraten.

Auf einen Blick

Gefährdete Infrastruktur

1. Das Stuxnetvirus, das bis Juni 2010 in gesicherte Anlagen zur Urananreicherung des Iran eindrang, hat deutlich gemacht: Ein von Experten für Industrieautomatisierung entwickeltes Virus kann in technischen Infrastrukturen erheblichen Schaden anrichten.
2. Unser Stromnetz besteht aus einer Vielzahl von Netzen, deren Komponenten von Computern oder speicherprogrammierbaren Steuerungen überwacht und geregelt werden – ein mögliches Angriffsziel für Hacker.
3. Weil ein ausgetüftelter Angriff Simulationen zufolge einen großen Teil des Stromnetzes lahmlegen könnte, werden die Sicherheitsvorkehrungen derzeit stark erhöht.

© Springer-Verlag GmbH Deutschland 2017
C. Könneker (Hrsg.), *Unsere digitale Zukunft*, DOI 10.1007/978-3-662-53836-4_22

Im vergangenen Sommer schlugen Experten Alarm: Ein Computervirus von bis dahin ungekannter Komplexität hatte einen Rechner im Iran infiziert – dabei gehörte der zu einer streng gesicherten industriellen Anlage und war überdies gar nicht mit dem Internet verbunden. »Stuxnet«, wie die Schadsoftware bald genannt wurde, war vermutlich über einen USB-Stick eingedrungen und hatte sich unbemerkt über Monate im gesamten System verbreitet – immer auf der Suche nach bestimmten programmierbaren Steuerungen, um die von diesen geregelten Prozesse zu manipulieren. In diesem Fall galt das Interesse vermutlich den Tausenden von Ultrazentrifugen, mit denen das für Atomkraftwerke, aber auch für Kernwaffen benötigte seltene Uranisotop ^{235}U aus Uranerz gewonnen wird. Normalerweise rotieren solche Zentrifugen so schnell, dass sich ihre Ränder knapp unter der Schallgeschwindigkeit bewegen. Einem Bericht des US Institute for Science and International Security vom Dezember 2010 zufolge sorgte Stuxnet aber dafür, dass sie auf Überschallgeschwindigkeit beschleunigten; gleichzeitig sandte es falsche Daten an Überwachungssysteme. So schalteten diese die Zentrifugen nicht ab, worauf deren Rotoren zerbrachen. Laut dem Bericht mussten in der Anreicherungsanlage in Natanz etwa 1000 Zentrifugen ersetzt werden.

Das Virus hat der Welt vor Augen geführt, dass industrielle Anlagen das Ziel von Hackern sein können – und wie wenig Sicherheitsexperten darauf vorbereitet sind. Tatsächlich verstehen viele unter »Cybersecurity« eher Maßnahmen, die das Eindringen von Hackern und Viren in Rechnernetze und Datenbanken typischer Büroumgebungen verhindern sollen. Besondere Sorge bereitet die Versorgungsinfrastruktur, von der moderne Staaten existenziell abhängig sind. Ohne den Teufel an die Wand malen zu wollen: Es ist sehr viel einfacher, ein Stromnetz lahmzulegen als eine Anlage zur Anreicherung von Kernbrennstoffen.

Ein Stromnetz besteht aus tausenden miteinander über Daten- und Steuerleitungen verknüpften Einheiten, die genau aufeinander abgestimmt arbeiten. Versagt eine Komponente, wirkt sich das im Allgemeinen nur auf einen Teil des Netzes aus. Ein gezielter Cyberangriff auf neuralgische Knotenpunkte könnte hingegen ein ganzes Land treffen. Historische »Blackouts« wie der am 14. August 2003, bei dem die Nordostküste der USA und Teile Kanadas ohne Strom waren, haben sehr deutlich gezeigt, dass das durchaus eine Option ist. Solch einen Schlag durchzuführen, würde zwar erhebliche Zeit und Kenntnisse erfordern, wie sie terroristische Gruppen wie El Kaida selbst nicht besitzen, doch diese könnten kriminelle Hacker anheuern. Stuxnet war bis dato das komplexeste Computervirus – mancher glaubt, Geheimdienstspezialisten hätten es entwickelt, um ein mutmaßliches iranisches Programm zur atomaren Aufrüstung zu torpedieren. Mittlerweile ist der Code im Internet frei zugänglich und könnte in modifizierter Form auf ein neues Ziel gerichtet werden.

Der Zufall wollte es, dass etwa zur Zeit der Entdeckung von Stuxnet ein Experiment stattfand, das einen Cyberangriff auf das US-amerikanische Stromnetz simulierte. Vertreter von Stromversorgungsunternehmen und Regierungsbehörden sowie des Militärs nahmen daran teil – schließlich nutzen auch Militärbasen Strom aus dem allgemeinen Netz. In der Simulation drangen Hacker in die Elektronik mehrerer Umspannwerke ein. Ihr Angriffsziel waren spezielle Systeme, welche die Spannung in den Leitungen konstant halten. Diese stellten sich als Achillesferse heraus: Hätte die Attacke wirklich stattgefunden, wäre ein halbes Dutzend solcher Geräte zerstört worden – und ein ganzer Bundesstaat für mehrere Wochen ohne Elektrizität gewesen.

Elektronische Intelligenz steuert heutzutage sämtliche Abläufe im Energienetz, von den Generatoren der Kraftwerke über die verschiedenen Stufen der Stromverteilung bis zu jenen Transformatoren, welche die Spannung auf das Niveau der zu den Häusern führenden Leitungen absenkt. Die meisten dieser Rechner verwenden gängige Betriebssysteme wie Windows oder Linux – obwohl sie spezialisiert und keine Universalcomputer wie handelsübliche PCs sind. Das macht sie angreifbar: Stuxnet schlüpfte durch Windows-Schwachstellen von einem USB-Stick auf den Rechner.

Aus diesem Grund sind Kommunikationsnetze, die Anlagen der Stromversorgung miteinander verknüpfen, nach Angaben der Unternehmen nicht mit dem Internet verbunden, sondern in sich geschlossene Systeme. Doch selbst wenn das strikt erfüllt ist – und es gibt durchaus Hinweise, dass dem nicht immer so ist –, bleiben genügend Möglichkeiten, sich Zugang zu verschaffen.

Zugang via Modem oder WLAN
Ein Angreifer könnte zum Beispiel ein Umspannwerk anvisieren. Dort befinden sich die elektronischen Schutzgeräte, die im Notfall Stromleitungen unterbrechen. In den USA sind diese Geräte mit Telefonmodems ausgerüstet, damit die Techniker sie von einem fernen Leitstand aus warten können. Es ist nicht schwer, die zugehörigen Nummern herauszubekommen. Schon vor 30 Jahren schrieben Hacker die ersten Programme, die alle Telefonnummern innerhalb eines Vermittlungsbereichs anwählen und registrieren, bei welchen ein Modem mit seinem unverkennbaren Signal antwortet. Ohne einen guten Passwortschutz könnte sich ein Angreifer Zugang verschaffen und die Schutzgeräte neu konfigurieren, so dass sie in einer Gefahrensituation nicht aktiv würden.

Auch die Verbreitung von WLANs – also Funknetzen kurzer Reichweite – zur internen Kommunikation und Steuerung in amerikanischen Umspannwerken bietet Terroristen Möglichkeiten. Zwar sollten Passwörter beziehungsweise Verschlüsselung einen Zugriff Unbefugter verhindern. Gelingt es aber, diese Sperre zu überwinden, stehen alle Optionen zur Verfügung, die Hacker für das Internet bereits entwickelt haben. So ließe sich beispielsweise ein Man-in-the-Middle-Angriff ausführen, bei dem die Kommunikation zwischen zwei Geräten über den Computer des Hackers umgeleitet und dort von ihm manipuliert wird. Die fremde Maschine könnte sich zudem als Teil des Netzwerks ausgeben und ihrerseits falsche Befehle und Daten einspeisen. Auch ein Virus wäre auf diesem Weg leicht zu platzieren.

Und es gibt sie doch – die Schnittstelle zum Internet

Eine im Internet bei inzwischen gut 60 Prozent aller Angriffe eingesetzte Technik beruht auf Skripten genannten kurzen Programmen, die in andere Dateien eingebettet sind. PDF-Dokumente etwa enthalten dergleichen immer, beispielsweise um ihre Darstellung auf einem Bildschirm zu unterstützen. Ein Hacker könnte sich zunächst Zugang zu der Internetseite eines Softwareherstellers verschaffen und ein dort als PDF hinterlegtes Handbuch durch ein »infiziertes« ersetzen. Durch eine fingierte E-Mail dazu aufgefordert, lädt ein Kraftwerksingenieur es dann auf seinen Rechner. Wird das Skript beim Öffnen des Dokuments ausgeführt, würde es sich bei nächster Gelegenheit auf einem USB-Stick installieren und sich so weiterverbreiten.

Theoretisch könnten Hacker sogar via Internet in die gut geschützten, mit Planung und Finanzen befassten Geschäftsbereiche eindringen. Deren Aufgabe ist es unter anderem, auf Onlineauktionen die Strommengen auszuhandeln, die produziert werden sollen. Um fundierte Entscheidungen zu treffen, benötigen die Mitarbeiter Echtzeitinformationen vom technischen Bereich; umgekehrt brauchen auch die Techniker Vorgaben. Diese notwendige Verbindung macht das Unternehmen jedoch angreifbar: Ein Hacker könnte in das Geschäftsnetzwerk eindringen, dort Benutzernamen und Passwörter ausspionieren und sich anschließend mit diesen Informationen Zugang zum technischen Bereich verschaffen – bis zu den Steuerungssystemen.

Was dann geschehen kann, demonstrierte 2007 das Department of Homeland Security unter dem Codenamen »Aurora« im Idaho National Laboratory, einer mit dem US-Energieministerium verbundenen Forschungseinrichtung. Ein Wissenschaftler hackte sich in ein Netzwerk, das mit einem Stromgenerator verbunden war, wie es Tausende davon im Land gibt. So genannte Schutzgeräte – tatsächlich recht anspruchsvolle elektronische Schaltungen – sollen Überlastungen des Stromnetzes verhindern. Indem der Angreifer diesem in rascher Folge An-/Aus-Befehle schickte, gelang es ihm, den Generator aus dem Takt zu bringen: Der ins Netz eingespeiste Wechselstrom war dadurch zu dem bereits im Netz vorhandenen phasenverschoben. Eine Videoaufnahme zeigte, dass die schwere Maschine zitterte; Sekunden später füllten Dampf und Rauch den Raum.

Schutzgeräte verrichten auch in Umspannwerken ihren Dienst. Diese Einrichtungen empfangen den Strom aus den Kraftwerken, synchronisieren die Wechselströme, reduzieren die Spannung und verteilen den Strom auf die vielen Leitungen zur lokalen Versorgung. Dabei überwachen Schutzgeräte jedes einzelne Kabel, um die Verbindung bei einer Störung sofort zu trennen. Der Strom fließt dann durch die übrigen Leitungen. Läuft das Netz aber bereits an der Kapazitätsgrenze, kann ein

Cyberangriff, der zum Ausfall einiger Leitungen führt, eine Überlastung der anderen zur Folge haben. Genau das geschah im August 2003 in den USA, aber auch im November 2006 in Europa: Weil der Energieversorger E.ON eine Hochspannungsleitung in Norddeutschland zu einem Zeitpunkt abschaltete, als Windräder große Mengen Strom ins Netz speisten, wurde eine Übergabestelle zum RWE-Netz überfordert. Schutzgeräte schalteten die Leitungen ab. Der Effekt pflanzte sich im europäischen Verbundnetz bis nach Spanien fort, und bis zu zehn Millionen Haushalte waren ohne Strom.

Statt eine Leitung abzuschalten, um andere zu belasten, könnte ein Angreifer auch einen Generator dazu bringen, zu viel Energie zu erzeugen. Zusätzlich könnte ein Virus manipulierte Spannungs- und Temperaturwerte an die zuständige Leitwarte senden, so dass die Techniker in Unkenntnis der Probleme bleiben. Letzteres ließe sich zudem mit einer Denial- of-Service-Attacke erreichen: Mit Hilfe eines so genannten Botnetzes, eines Netzwerks aus tausenden PCs, die ohne Wissen ihrer Besitzer von Hackern kontrolliert werden, würde die Leitwarte mit einer derartigen Masse von Anfragen überflutet, dass auch der Informationsfluss zu dem eigentlichen Angriffsziel, dem Umspannwerk, zum Erliegen käme. Laut einer Studie der Pennsylvania State University und des National Renewable Energies Laboratory würde schon der Ausfall von 200 gut ausgewählten Umspannwerken – das entspricht etwa zwei Prozent – 60 Prozent der Strominfrastruktur in den USA zum Erliegen bringen.

Vertrauen ist gut, prüfen ist besser

Angesichts solcher Bedrohungen hat die North American Electric Reliability Corporation (NERC), eine Dachorganisation der Netzbetreiber in den USA, eine Reihe von Standards herausgegeben, um kritische Infrastrukturen besser zu schützen.

Umspannwerke müssen jetzt ihre wichtigen Anlagen bei der NERC registrieren, Inspektoren überprüfen dann deren Schutzmaßnahmen. Technische Einzelheiten werden aber meist nur stichprobenartig genauer erhoben. Das betrifft auch das wichtigste Verteidigungselement: die Firewall, die alle elektronischen Nachrichten überwacht, passieren lässt oder abblockt. Ein Gutachter überprüft daher unter anderem, ob alle Firewalls eines Umspannwerks korrekt konfiguriert sind. Typischerweise wählt er dazu einige wichtige Systemkomponenten aus und sucht nach Schlupflöchern, wie diese trotz der Firewall zu erreichen wären. Unser Team an der University of Illinois in Urbana-Champaign hat zu diesem Zweck das Network Access Policy Tool entwickelt; eine frei verfügbare Software, die anhand der Konfigurationsdateien automatisch noch unbekannte oder längst wieder vergessene Wege durch den Abwehrschirm ermittelt.

Das Department of Energy (DoE) verlangt, die Sicherheit der Stromnetze bis spätestens 2020 zu verbessern. Insbesondere soll jeder Angriffsversuch sofort erkannt werden – Stuxnet wäre blockiert worden, als es sich vom USB-Stick aus im System installierte. Aber wie lässt sich ein vertrauenswürdiges Programm von anderen unterscheiden?

Viele Experten sehen so genannte Hash-Funktionen als Lösung an. Diese bilden aus einer großen Zahl eine viel kleinere. Beispielsweise besteht der Code der auf den Prozessrechnern laufenden Programme aus Millionen Nullen und Einsen. Daraus ergäbe sich eine Signatur, die allein schon wegen der Größe der Software kaum identisch mit der eines zweiten Programms sein dürfte. Was immer danach begehrt, auf einem Rechner gestartet zu werden, müsste zunächst den Test durchlaufen. Das Ergebnis der Hash-Funktion würde mit einer Liste aller legitimen Signaturen verglichen. Falls keine Übereinstimmung auftaucht, wäre der Angriff beendet, bevor er richtig anfangen konnte.

Quellen

- **Eisenhauer, J. et al.:** Roadmap to Secure Control Systems in the Energy Sector. Energetics Incorporated, Januar 2006.
- www.energetics.com/resourcecenter/products/roadmaps/samples/pages/secure-roadmap.aspx
- **Geer, D.:** Security of Critical Control Systems Sparks Concern. In: IEEE Computer 39, S. 20–23, Januar 2006
- **Nicol, D. M. et al.:** Usable Global Network Access Policy for Process Control Systems. In: IEEE Security & Privacy 7, S. 30–36, November/Dezember 2008

Intelligente Autos im Dilemma

Alexander Hevelke, Julian Nida-Rümelin

*Autonome Fahrzeuge könnten bald unsere Straßen erobern –
und stellen uns schon heute vor ethische Fragen: Wie sollen sie
sich bei drohenden Unfällen verhalten?*

Auf einen Blick

Das Unausweichliche berechnen

1. Autonome Fahrzeuge reifen technisch immer weiter.
   Doch unter realen Bedingungen werden auch sie in un-
   vermeidbare Unfälle verwickelt.
2. Die grundsätzlichen Richtlinien, nach denen ein Wagen
   dabei reagieren soll, bestimmt nicht der Bordcomputer,
   sondern – lange zuvor – dessen Programmierer.
3. Das zwingt die Entwickler, über die ethischen Probleme
   nachzudenken, die in solchen Situationen auftreten.

Plötzlich läuft jemand vor das Auto. Man kann nicht mehr
rechtzeitig bremsen, und jedes Ausweichmanöver würde eben-

© Springer-Verlag GmbH Deutschland 2017
C. Könneker (Hrsg.), *Unsere digitale Zukunft*, DOI 10.1007/978-3-662-53836-4_23

falls einen Zusammenstoß verursachen. Solche Situationen, in denen es sich nicht vermeiden lässt, dass Menschen verletzt oder getötet werden, entstehen im Straßenverkehr immer wieder.

Da die Autohersteller derzeit die Automatisierung ihrer Fahrzeuge immer weiter vorantreiben, scheint es nur eine Frage der Zeit, bis die ersten völlig autonomen Wagen marktreif sind. Damit stellt sich die Frage, wie diese für solche kritischen Situationen programmiert werden sollen – und welche Faktoren dabei eine Rolle spielen. Wird die Anzahl der jeweils gefährdeten Personen entscheiden? Ihr Alter? Ist es relevant, wer den Unfall verschuldet hat? Darf ein Fahrzeug der Sicherheit seiner Insassen Priorität gegenüber den anderen Verkehrsteilnehmern einräumen?

Sicher hängt die tatsächliche Umsetzung auch davon ab, was zu diesem Zeitpunkt technisch realisierbar sein wird. Doch vorher muss man einen Blick darauf werfen, welcher Weg ethisch am ehesten zu rechtfertigen wäre. Dies zu beantworten, ist auch für denkbare computergesteuerte Unfallassistenten von Bedeutung, die lediglich in Notfällen die Kontrolle übernehmen, um Kollisionen oder zumindest Verletzungen besser vermeiden zu können.

Anhand eines Beispiels lassen sich zwei mögliche Richtlinien für eine solche Programmierung gegenüberstellen. Stellen wir uns also eine Situation vor, in der ein Unfall nicht zu verhindern ist: Zwei Personen laufen so plötzlich vor ein autonomes Fahrzeug, dass es nur noch ausweichen, aber nicht mehr rechtzeitig bremsen könnte. Weicht es nach links aus, rammt es aber einen entgegenkommenden Lastwagen. Auf der rechten Seite würde es mit einem Passanten auf dem Gehweg kollidieren (Abb. 1).

Der erste hier diskutierte Ansatz, einer solchen Lage zu begegnen, konzentriert sich darauf, die zu erwartenden Verletzungen so gering wie möglich zu halten. Ist ein Zusammenstoß unausweichlich, soll das Fahrzeug die wahrscheinlichen gesundheitlichen Schäden sowie die Opferzahl minimieren. In unserem Beispiel würde es dann entweder nach links oder in Richtung Fußgänger ausweichen. Falls mehrere Personen in dem selbstfahrenden Auto sitzen und der Lastwagen sie vermutlich alle schwer verletzen würde, ginge die Schadensberechnung wohl zu Ungunsten des Passanten aus.

Dieses Prinzip hat den Vorteil, dass es ein grundsätzliches Problem des Straßenverkehrs verringern könnte: die große Zahl an Toten und Verwundeten jedes Jahr. Die Überlegungen dahinter beruhen auf dem so genannten Konsequenzialismus. Der Begriff steht für eine Tradition ethischer Theorien, die Handlungen ausschließlich auf Grundlage ihrer Folgen bewerten. Dabei wird der Nutzen und Schaden aller Beteiligten gegeneinander aufgerechnet. Als beste Entscheidung gilt diejenige, die den meisten Menschen den größtmöglichen Vorteil bringt – Ethiker sprechen von einer Maximierung der Nutzensumme. In unserem Fall bedeutet dies, die zu erwartenden Verletzungen zu minimieren.

Ein erstes Problem dieses Ansatzes: Es ist nicht einfach, verschiedene Konsequenzen miteinander zu verrechnen. Dazu kommt die Komplikation, dass ein Zusammenstoß bei jedem der möglichen Unfallopfer mit unterschiedlicher Wahrscheinlichkeit zu diversen Verwundungen führen kann. Wie bezieht man diese Unsicherheiten in die Gewichtung ein? Wie viele Schwerverletzte wiegen einen Toten auf? Lassen sich leichte Blessuren überhaupt mit lebensgefährlichen Folgen verrechnen? Zählen viele Menschen, die jeweils ein gewisses Risiko haben, ums Leben zu kommen, mehr oder weniger als eine Person, die mit Sicherheit sterben würde? Solche Fragen lassen sich nur durch relativ willkürliche Grenzziehungen beantworten.

Ein zweiter Einwand ist sehr viel grundsätzlicher. Aus Sicht des Konsequenzialismus mag es zwar kein Problem sein, die jeweiligen Interessen der verschiedenen Personen gegeneinander aufzurechnen. Ein demokratischer Rechtsstaat sollte aber, zumindest wenn Grundrechte betroffen sind, gerade nicht so verfasst sein. Ein Verstoß gegen zentrale Rechte lässt sich durch Vorteile für andere, wie groß sie auch sein mögen, nicht rechtfertigen.

Nun hat der Passant in unserem Beispiel zweifellos einen Anspruch auf körperliche Unversehrtheit. Ihn zu opfern und das mit dem größeren Nutzen für Dritte zu rechtfertigen, würde damit rechtsstaatlichen Grundsätzen widersprechen. Vor diesem Hintergrund erscheint es auf den ersten Blick inakzeptabel, bei unausweichlichen Unfällen die Strategie zu verfolgen, Verletzungen zu minimieren, wenn dabei die Verwundungen verschiedener Menschen gegeneinander abgewogen werden.

Regeln festlegen – lange vorher

Allerdings trifft das Auto selbst gar keine Entscheidungen im eigentlichen Sinn. Es folgt seiner Programmierung, die es nicht hinterfragen kann. Damit fällt der eigentliche Entschluss nicht unmittelbar vor dem Unfall, sondern zu einem Zeitpunkt, an dem Menschen über die Verhaltensrichtlinien des autonomen Fahrzeugs bestimmen. Zu diesem sehr viel früheren Moment ist zwar bereits absehbar, dass es zu Situationen wie in unserem Beispiel kommen wird; es ist aber noch völlig offen, wer die Beteiligten sein werden.

Und das macht einen erheblichen Unterschied: Bei der ethischen Beurteilung einer Handlung muss man nämlich von

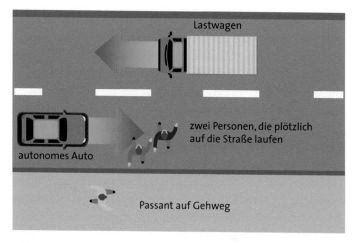

Abb. 1 Auch selbstfahrende Autos werden in Unfälle verwickelt. Hier laufen zwei Menschen vor ein autonomes Fahrzeug. Durch ein Ausweichmanöver würde es auf einen entgegenkommenden Lastwagen oder einen Passanten auf dem Bürgersteig zusteuern. Die Frage, welche Reaktionen für solche Fälle einprogrammiert werden solllen, stellt die Entwickler vor große Probleme

dem Wissensstand zum Zeitpunkt der Entscheidung ausgehen. Es ist unsinnig, die moralische Bewertung von Informationen abhängig zu machen, die dem Akteur erst im Nachhinein zugänglich sein können. Wenn der Bordcomputer in unserem Beispiel den Passanten auf dem Gehweg ins Visier nehmen würde, lässt sich allein daraus nicht ohne Weiteres schließen, dass dessen Interessen denjenigen der Mehrheit geopfert werden. Der ursprüngliche Entschluss für besagte Programmierung könnte ja auch sein statistisches Risiko minimiert haben, im Straßenverkehr verletzt zu werden. Sofern das zutrifft, war es in seinem Interesse – selbst wenn er letztlich der Unglückliche ist, der überfahren wird.

Das Problem dieser Rechtfertigung liegt darin, dass wir praktisch nicht alle ein gleich großes Risiko hätten, uns in einer der jeweiligen Rollen wiederzufinden. Eine Programmierung mit dem Ziel der Schadensbegrenzung reduziert die Gefahr für bestimmte Gruppen auf Kosten anderer. So sind beispielsweise alte Menschen in Unfallsituationen verletzungsanfälliger als junge Erwachsene. Der Computer müsste demnach ihrem Schutz Priorität einräumen. Ein solches Vorgehen ließe sich aber nicht mehr damit legitimieren, auch im Interesse derer zu sein, die schlussendlich zu Schaden kämen. Vielmehr würden hier die Interessen bestimmter Menschen systematisch geopfert, um eine andere, verwundbare Gruppe zu schützen. Auch individuelle Angewohnheiten hätten Einfluss. So würden unvorsichtige Menschen von einem solchen Ansatz profitieren – auf Kosten ihrer umsichtigeren Mitbürger. Wenn jemand ohnehin niemals unaufmerksam auf die Straße läuft, hat er wenig davon, wenn Autos in manchen Situationen auf den Bürgersteig ausweichen, weil sie darauf programmiert sind, die Summe an Verletzungen und Verletzten zu minimieren. Gleiches gilt für Fahrzeuge mit unterschiedlichen Sicherheitsstandards. Das Unfallrisiko derer, die robustere Wagen nutzen, könnte sich letztlich erhöhen, weil die autonomen Autos vermeiden würden, beispielsweise mit Motorrädern und Oldtimern zusammenzustoßen.

Das würde aller Wahrscheinlichkeit nach auch Fehlanreize setzen. Die Gefahr etwa, sich durch besonders sichere Gefährte zur Zielscheibe zu machen, wäre schließlich durchaus absehbar. Möglicherweise wäre es unter solchen Umständen vorteilhafter, ein Auto mit eher unterdurchschnittlichem Schutz zu wählen. Ein Käufer könnte des Weiteren ein Interesse daran haben, dass sein Fahrzeug für mögliche Unfallgegner besonders gefährlich ist. Schließlich würde ihn auch das zu einem unattraktiveren Ziel machen. Je nachdem, wie sehr solche Faktoren das Risiko beeinflussen, in einen Unfall verwickelt zu werden, widerspräche es vielleicht auf einmal den eigenen Interessen, ein für alle Parteien möglichst sicheres Fahrzeug zu verwenden. Im Voraus kann natürlich nur darüber spekuliert werden, wie stark diese Beweggründe das tatsächliche Verhalten der Verkehrsteilnehmer beeinflussen würden. Aber es besteht das Potenzial, dass sie das Ziel der Verletzungsminimierung ad absurdum führen.

Ein weiterer Einwand gegen den Ansatz: Er erscheint unfair. Wenn zwei Personen auf die Straße laufen, ohne auf den Verkehr zu achten, und ein autonomes Auto nicht mehr bremsen kann, wirkt es ungerecht, den Passant auf dem Gehweg zu opfern, um diejenigen zu schützen, welche den Unfall mit ihrem Fehlverhalten hervorgerufen haben.

Nun lassen sich solche unfairen Resultate bei der Programmierung autonomer Fahrzeuge wohl kaum vermeiden. Schließlich könnte selbst ein menschlicher Fahrer in dieser Situation nicht beurteilen, wer die Verantwortung für sie trägt. Das muss nicht derjenige sein, der unerwartet auf der Fahrbahn auftaucht. Vielleicht sind die beiden Menschen auf der Straße drei Jahre alt, und der Fußgänger hätte auf sie aufpassen sollen. Möglicherweise hat der Passant sie angerempelt, und sie sind erst dadurch auf die Straße gestolpert. Dass ein Fahrzeug in solchen Situationen selbst einen Schuldigen sucht und sein Verhalten daran anpasst, ist nicht nur technisch etwas viel verlangt. Es ist auch aus ethischer Sicht kaum wünschenswert, dass autonome Autos Schuldurteile fällen und den als verantwortlich Erkannten ins Ziel nehmen.

Nichtsdestoweniger hätte auch eine rein auf die Minimierung von Verletzungen ausgerichtete Programmierung Konsequenzen, die unnötig ungerecht erscheinen. Das gilt insbesondere für Fälle, in denen jemand gerade durch sein Fehlverhalten verwundbarer ist als die anderen potenziellen Unfallbeteiligten. Ein Motorradfahrer etwa, der keinen Helm trägt, ist bei einem Zusammenstoß deutlich gefährdeter als einer mit Kopfschutz. Gleichzeitig scheint es extrem ungerecht, wenn letzterer deshalb zum Ziel wird, weil er sich im Gegensatz zu dem anderen an die Regeln gehalten hat. Denn das vorschriftswidrige Handeln des Fahrers ohne Helm wäre ja der Grund, weshalb seiner Sicherheit Priorität eingeräumt würde.

Der Wert der Vorhersehbarkeit

Ein alternativer Ansatz geht von der Prämisse aus, nach der gerade motorisierte Verkehrsteilnehmer dazu verpflichtet sind, sich absehbar zu verhalten. Autofahrer sollten möglichst versuchen, uns nicht zu gefährden; wir können darüber hinaus aber auch noch verlangen, dass sie das Leben anderer nicht durch unberechenbare Manöver riskieren.

Das enorme Zerstörungspotenzial der Kraftfahrzeuge wird anderen Verkehrsteilnehmern erst dadurch zumutbar, dass ihr Verhalten so vorhersehbar ist. Ihre Nutzung ist stark reglementiert: Sie müssen auf klar ausgewiesenen Wegen bleiben; dazu kommt die Pflicht, Richtungsänderungen und Spurwechsel anzukündigen sowie Schilder, Ampeln und zahlreiche Regeln zu beachten. Es geht dabei nicht nur darum, das Verletzungsrisiko insgesamt zu reduzieren. Vielmehr ermöglicht es dem Einzelnen, sich ohne übermäßige Anstrengung so zu bewegen, dass er sich selbst nicht in Gefahr bringt. Offensichtliches Beispiel ist die Trennung von Fahrbahn und Bürgersteig. Erst wenn wir über eine Straße laufen wollen, müssen wir darauf achten, ob ein Auto kommt. Solange wir aber auf den Fußgängerwegen bleiben, dürfen wir die vorbeifahrenden Wagen getrost ignorieren.

Regelkonformität erhält im Straßenverkehr damit ein eigenes und erhebliches moralisches Gewicht. Das hat Konsequenzen für die Frage, welches Verhalten von autonomen Autos in solchen Situationen am ehesten moralisch vertretbar ist, in denen ein Unfall nicht mehr vermieden werden kann. Potenzielle Opfer haben demnach nämlich nicht nur einen Anspruch darauf, vor Verletzungen geschützt zu werden, sondern darüber hinaus auch darauf, dass andere sie nicht durch regelwidriges und deshalb unvorhersehbares Tun verwunden. In unserem Beispiel bedeutet dies: Das Fahrzeug darf zwar bremsen, aber nicht ausweichen, wenn dadurch andere Menschen zu Schaden kommen würden. Die Autoinsassen, der Lastwagenfahrer sowie der Passant auf dem Gehweg haben einen stärkeren Anspruch auf Schutz als die beiden Personen auf der Straße. Ein Recht darauf, nach Möglichkeit nicht verwundet zu werden, haben sie alle. Ausschlaggebend wäre damit das zusätzliche Anrecht, im Straßenverkehr nicht durch regelwidriges Verhalten anderer gefährdet zu werden.

Zumindest in Situationen, in denen jedes mögliche Vehalten ähnlich schwer wiegende Risiken birgt, bietet dieser zweite Ansatz die überzeugendere Lösung. Problematischer wird es, wenn ein erwartungskonformes Verhalten deutlich bedrohlicher ist als eine regelwidrige Alternative. So sind auch Vollbremsungen überraschend und damit gefährlich. Es scheint aber absurd zu verlangen, dass ein selbstfahrendes Auto im Stadtverkehr nicht einmal scharf bremsen darf, wenn plötzlich ein Kind auf die Fahrbahn rennt.

Der besondere Anspruch darauf, nicht durch unvorhersehbare Fahrmanöver gefährdet zu werden, hat ein eigenes moralisches Gewicht. Er ist aber kein übergeordnetes Prinzip, das jeder Abwägung entzogen wäre. Damit kommen wir also wieder nicht umhin, Schäden gegeneinander aufzurechnen –

zumindest in Fällen, in denen das Verletzungsrisiko bei erwartungsgerechten Aktionen deutlich höher eingestuft werden kann als bei den regelwidrigen Alternativen.

Es wird also kaum eine bequeme Antwort auf die Frage geben, wie sich autonome Fahrzeuge in Situationen verhalten sollten, in denen sich ein Unfall nicht mehr vermeiden lässt. Das liegt aber nicht an der Technologie an sich. Unausweichliches Leid und der Verlust von Menschenleben sind keine Besonderheit autonomer Fahrzeuge. Der Fortschritt zwingt uns lediglich, diese dunkle Seite unseres Straßenverkehrs auf neue Weise zu betrachten.

Intelligenz bei Mensch und Maschine

Jean-Paul Delahaye

Manche Computer vollbringen zweifellos intelligente Leistungen – aber nur sehr spezielle und stets auf anderem Weg als der Mensch. Ein neuer theoretischer Ansatz zielt darauf ab, diese Kluft zu überbrücken.

Auf einen Blick

Wege zur universellen Intelligenz

1. Computer übertreffen Menschen nicht nur beim Zahlenrechnen und Datendurchsuchen, sondern auch beim Schachspiel, beim Autofahren und in einer Quizshow.
2. Sie erbringen diese Leistungen jedoch auf völlig anderen Wegen als ein Mensch und können daher auch keinen Aufschluss auf seine Denkweise liefern.
3. Ein neues Konzept setzt Intelligenz mit der Fähigkeit zur Datenkompression in Bezug. Dadurch soll die Definition von Eigenheiten des Menschen wie der Maschine unabhängig werden.

© Springer-Verlag GmbH Deutschland 2017
C. Könneker (Hrsg.), *Unsere digitale Zukunft*, DOI 10.1007/978-3-662-53836-4_24

Was ist Intelligenz? Die Psychologen wissen schon lange, dass dieser zentrale Begriff ihrer Wissenschaft schwer zu fassen ist. Ihr bevorzugtes Mittel zu seiner Messung, der Intelligenztest, fragt nach einer theoretisch schlecht fundierten Mischung von Fähigkeiten. Der amerikanische Psychologe Howard Gardner ging in seinem Buch *Frames of Mind* von 1983 (deutsch: *Abschied vom IQ*) so weit zu behaupten, es gebe nicht eine einheitliche Intelligenz, sondern deren zahlreiche verschiedene. Die Idee schmeichelt unserem Ego, vor allem wenn wir uns nicht einer hohen Punktzahl auf der allgemeinen Intelligenzskala rühmen können: Je mehr Spezialintelligenzen es gibt, desto größer ist unsere Chance, wenigstens in einer von ihnen zu glänzen. Gleichwohl stieß Gardners Konzept in der Fachwelt auf heftigen Widerspruch.

Die Diskussion um das Wesen der Intelligenz erhält neue Nahrung, da in jüngster Zeit Maschinen Leistungen vollbringen, die bislang alle Welt ohne zu zögern als intelligent bezeichnet hätte. Als 1997 ein Programm auf dem Rechner »Deep Blue« den damaligen Schachweltmeister Garri Kasparow entthronte, galt das allgemein als epochales Ereignis. Damals wiesen einige Kommentatoren – quasi zum Trost – darauf hin, dass die Programme bei dem Brettspiel Go nur verblüffend mittelmäßige Leistungen zeigten. Aber inzwischen erreichen die Maschinen auch hier die Spielstärke sehr guter Amateure. Im März 2013 schlug das Programm »Crazy Stone« von Rémi Coulom, damals an der Université de Lille, den japanischen Profi Yoshio Ishida; dieser hatte zu Beginn der Partie dem Programm allerdings einen Vorteil von vier Steinen eingeräumt. Nach der japanischen Go-Klassifikation kommt »Crazy Stone« auf eine Spielstärke von »sechs Dan«. Weltweit gibt es weniger als 500 Spieler, die dieses Niveau erreichen. Und im Oktober 2015 gelang es einem von der Firma DeepMind entwickelten System, den amtierenden Go-Europameister zu schlagen (siehe Kasten »AlphaGo, der neue Go-Meister«).

Im Damespiel ist die künstliche Intelligenz (KI) mittlerweile unfehlbar. Seit 1994 ist es keinem Menschen gelungen, das kanadische Programm »Chinook« zu besiegen; man weiß seit 2007, dass dieses eine optimale, nicht weiter verbesserungsfähige Strategie verfolgt. Nach der Spieltheorie muss es eine solche Gewinnstrategie für alle Spiele dieser Klasse geben. Sie für Schach zu berechnen, scheint allerdings auf mehrere Jahrzehnte hinaus noch unmöglich zu sein.

Der Siegeszug der maschinellen Intelligenz beschränkt sich nicht auf Probleme, die eine klare mathematische Struktur aufweisen oder auf die Durchmusterung einer großen Zahl von Möglichkeiten hinauslaufen. Aber selbst im Bereich der Brettspiele mussten die Forscher erfahren, wie schwierig es ist, menschliche Denkprozesse nachzubilden: Die Programme für Dame, Schach und Go können es zwar mit den besten menschlichen Spielern aufnehmen, funktionieren jedoch ganz anders.

Das ist allerdings kein Anlass, ihnen die Intelligenz abzusprechen. Wenn die Maschinen schon unsere ureigensten Leistungen erbringen, wäre es unfair, auch noch zu verlangen, dass sie das auf unsere Weise tun – vor allem weil wir diese unsere Denkweise nicht einmal genau genug kennen. So ist es noch niemandem gelungen, die Spielweise eines Schachgroßmeisters in Form von Algorithmen zu beschreiben.

Computer am Steuer

Große Mengen von Informationen speichern, schnell und systematisch symbolische Daten wie etwa die Positionen von Bauern auf einem Schachbrett auswerten: Mit diesen Fähigkeiten können Maschinen zwar Schachweltmeister werden, aber noch lange nicht Auto fahren. Gleichwohl haben sie auch hier in letzter Zeit spektakuläre Erfolge vorzuweisen. Auf diesem Gebiet zeigt sich die Diskrepanz in den Vorgehensweisen besonders krass. Ein autonomes Auto »denkt« völlig anders als ein Mensch.

Für das herkömmliche Fahren müsste eine künstliche Intelligenz unterschiedliche und rasch wechselnde Bilder analysieren können: Wo ist der Rand dieser mit Laub bedeckten Straße? Ist der schwarze Fleck 50 Meter vor mir in der Mitte der Straße ein Schlagloch oder eine lumpige Pfütze? Eine so leistungsfähige Bildanalyse kann heute noch niemand programmieren. Daher setzen autonome Fahrzeuge ganz andere Mittel ein. Die Autos der Firma Google bestimmen ihren Ort auf der Erdoberfläche mit einer hoch präzisen Version des Satellitenortungssystems GPS und verwenden »Karten«, die weit über das hinaus, was in einem Navi gespeichert ist, die Form und das Aussehen der Straßen sowie die Verkehrsschilder und weitere wichtige Orientierungspunkte der Umgebung anzeigen. Obendrein haben sie Radar an Bord, ein optisches System namens Lidar (light detection and ranging), das ein dreidimensionales Abbild der unmittelbaren Umgebung erzeugt, sowie Sensoren an den Rädern.

Da diese Fahrzeuge bereits mehrere zehntausend Kilometer unfallfrei gefahren sind, verfügen sie zweifelsfrei über Intelligenz, auch wenn sie nicht fähig sind, auf die Zeichen eines Polizisten zu reagieren, gelegentlich vor einer Baustelle in abrupten Stillstand verfallen und aus Sicherheitsgründen nicht schneller als 40 Stundenkilometer fahren dürfen. Hinter einem Menschen am Steuer bleiben sie allerdings noch weit zurück. Der kann dank seiner Fähigkeit, aus Bildern Informationen zu entnehmen, und seiner universellen Intelligenz auch eine völlig unbekannte Strecke bewältigen – ohne Karten, Radar oder Lidar und ohne an einem unerwarteten Hindernis zu scheitern.

Roboter als Journalisten

Geraume Zeit hielt sich die Vorstellung, die – geschriebene oder gesprochene – natürliche Sprache biete Computern ein unüberwindliches Hindernis. Aber auch das ist inzwischen widerlegt. Maschinen erreichen beim Verstehen oder Erzeugen natürlichsprachiger Sätze geradezu beunruhigende Leistungen. So setzen manche Redaktionen, etwa bei der *Los Angeles Times*, bei *Forbes* und Associated Press, Roboterjournalisten ein. Bislang beschränken sich diese Programme darauf, Resultate aus dem Sport oder aus dem Wirtschaftsleben in kurze Artikel zu verwandeln – und stiften damit gelegentlich echten Nutzen.

Am 17. März 2014 gab es um 6.25 Uhr Ortszeit ein Erdbeben der Stärke 4,7 in Kalifornien. Drei Minuten später erschien auf der Internetseite der *Los Angeles Times* ein etwa 20 Zeilen langer Artikel mit Informationen zum Thema: Lage des Epizentrums, Stärke, Zeitpunkt, Vergleich mit Erdstößen aus der jüngeren Vergangenheit. Das verfassende Programm nutzte Rohdaten des Informationsdienstes U.S. Geological Survey Earthquake Notification Service; es stammt von Ken Schwencke, einem Journalisten, der auch programmiert. Nach seiner Aussage vernichten solche Methoden keine Arbeitsplätze, sondern machen im Gegenteil die Arbeit des Journalisten interessanter. In der Tat: Diese Umsetzung zahlenmäßiger Fakten in kurze Texte ist ein ziemlich langweiliger Job – und ein Mensch könnte ihn nicht besser erledigen.

Intelligenztests, bei denen die Maschine gewinnt

Zweifellos sind die klassischen Tests in der Tradition des französischen Psychologen Alfred Binet (1857–1911) kein gutes Mittel, um die Intelligenz von Maschinen zu messen. In der Tat erreichen auch Programme, denen man beim besten Willen keine Intelligenz attestieren kann, darin ziemlich gute Ergebnisse.

So haben Pritika Sanghi und David Dowe 2003 ein Programm geschrieben, das in einer Vielzahl von Tests der Art wie in Abb 1 annähernd durchschnittliche Punktzahlen erreicht.

Betrachten Sie die Folge

Welche der folgenden Grafiken setzt die Folge fort?

Vervollständigen Sie die Tabelle

2	4	8
3	6	12
4	8	?

Abb. 1: Typische Beispiele von Aufgaben in IQ-Tests

Die recht einfach gestrickte Software beruht auf einigen Prinzipien, nach denen die Konstrukteure von Tests bevorzugt vorgehen. Ein perfektioniertes Programm würde vermutlich Intelligenzquotienten im Hochbegabtenbereich erzielen. Das beweist jedoch nicht, dass die Programme intelligent wären, sondern nur, dass sich die Tests nicht zur Messung der universellen Intelligenz eignen.

Bei einer bestimmten Art von Aufgaben schneiden die Maschinen übrigens deutlich besser ab als Menschen. Beispiel: Welches sind die nächsten drei Glieder dieser Folge: 3, 4, 6, 8, 12, 14, 18, 20, 24, 30, 32, 38, 42?

Vielleicht erkennen Sie, dass es sich um die Primzahlen plus eins handelt: $2 + 1, 3 + 1, 5 + 1, 7 + 1, \dots$ Demnach ist die Folge fortzusetzen durch $43 + 1, 47 + 1, 53 + 1$, also 44, 48, 54.

Ein Programm, das derartige Fragen perfekt und in Sekundenschnelle beantwortet, findet sich im Internet: die »Online Encyclopedia of Integer Sequences« (https://oeis.org) von Neil Sloane. Sie schlägt auch Antworten vor, auf die Sie nie gekommen wären. Für die oben genannte Folge bietet sie an zweiter Stelle an: Es handelt sich um diejenigen natürlichen Zahlen n mit der Eigenschaft, dass für alle zu n teilerfremden Zahlen k mit $k^2 < n$ die Zahl $n - k^2$ eine Primzahl ist. Nach dieser Logik wären die nächsten Folgenglieder 48, 54, 60. Natürlich würde ein Programm, das darauf ausgelegt ist, einen Intelligenztest zu bestehen, eine solch komplizierte Antwort nicht anbieten.

Das System ist einem Menschen haushoch überlegen. Überzeugen Sie sich selbst, indem Sie versuchen, diese Zahlenfolgen fortzusetzen:

A. 11, 12, 14, 16, 20, 21, 23, 25, 29
B. 11, 31, 71, 91, 32, 92, 13, 73
C. 3, 7, 14, 23, 36, 49
D. 1, 2, 4, 5, 10, 20, 29, 58, 116
E. 1, 4, 5, 7, 8, 11, 13, 14, 16, 22, 25, 28, 31, 34

Die Antworten finden Sie am Ende des Kastens. OEIS findet sie augenblicklich, ebenso wie die Antworten auf noch viel schwierigere Fragen. Dennoch erscheint es nicht vernünftig, dieses Programm als intelligent zu betrachten. Es beschränkt sich darauf, die vorgelegte Folge in einer Datenbank zu suchen, die über Jahre hinweg sorgfältig aufgebaut wurde. Zudem liefert es stets die einfachste Antwort zuerst. Der Erfolg des Programms beruht auf seinem gut gefüllten Speicher und seiner Fähigkeit, diesen schnell und fehlerfrei zu durchsuchen. Ein Mensch dagegen versucht, die Struktur der Folge durch Kopfrechnen und ähnliche Mittel zu entschlüsseln. Abermals beruht der – in diesem Fall spektakuläre – Erfolg des Programms darauf, dass es mit völlig anderen Methoden arbeitet als ein Mensch.

Vor wenigen Jahren ist es gelungen, einen Computer zu programmieren, der in der Quiz-Fernsehshow »Jeopardy!« mitspielen kann (*Spektrum der Wissenschaft* 10/2011, S. 97) – eine Aufgabe, die allem Anschein nach ein umfangreiches

kulturelles Allgemeinwissen sowie die Beherrschung der natürlichen Sprache erfordert. »Jeopardy!« wurde 1962 erfun-
den und ist in den USA sehr populär; eine deutsche Version
namens »Gefahr!« wurde von 1990 bis 2000 ausgestrahlt.
Fragen aus Geografie, Literatur, Kunst, Sport und Naturwis-
senschaften sind in englischer Umgangssprache formuliert,
was auch für die Antworten gelten soll. Bei einigen Phasen des Spiels kommt es auf die Schnelligkeit der Antworten an. Als das von IBM entwickelte Programm »Watson«
im Februar 2011 gegen zwei sehr erfolgreiche menschliche
Spieler antrat, bekam es die Fragen schriftlich vorgelegt und
antwortete mit Hilfe einer künstlichen Stimme. »Watson«
trug den Sieg davon und zeigte damit, dass weder die bei
»Jeopardy!« üblichen, teilweise weit hergeholten Wort-
spiele noch die Breite der unterschiedlichsten Wissensge-
biete prinzipielle Hindernisse für die künstliche Intelligenz
darstellen.

Heute dient »Watson« dazu, medizinische Expertensys-
teme zu entwickeln, die in der Ausbildung von Ärzten Verwendung finden.

A. Alle natürlichen Zahlen ab 10, deren Quersumme eine
   Primzahl ist (nächste Folgenglieder 30, 32, 34);
B. Primzahlen ab 10, mit umgekehrter Ziffernfolge notiert
   (14, 34, 74);
C. Das n-te Folgenglied ist die Summe von n^2 und der n-ten
   Primzahl (66, 83, 104);
D. Teiler von 580 (145, 290, 580);
E. Diese Zahlen ergeben eine Primzahl, wenn man eine
   Zwei davor- und eine Eins dahinter schreibt (35, 37, 38).

Ebenfalls vom Computer erzeugt ist eine erstaunlich große
Anzahl von Artikeln der freien Enzyklopädie Wikipedia.
Der schwedische Physiker Lars Sverker Johansson hat ein
Programm namens »Lsjbot« geschrieben, das täglich bis zu
10.000 Einträge produziert und es bislang auf mehr als zwei
Millionen Stück gebracht hat, und zwar auf Schwedisch so-

wie in Cebuano und Wáray-Wáray, zwei auf den Philippinen gesprochenen Sprachen. »Lsjbot« setzt Informationen über Tiere oder Städte, die bereits digitalisiert in Datenbanken vorliegen, in das von Wikipedia vorgegebene Format um. Mitte 2013 waren knapp die Hälfte aller schwedischen Wikipedia-Artikel – im Wortsinn – maschinengeschrieben. Die niederländische Wikipedia wuchs durch computergenerierte Beiträge an Größe sogar über die deutsche hinaus.

Johansson hat für seine Aktion reichlich Lob wie Kritik geerntet. Seinen Artikeln mangele es an Kreativität, und ihre schiere Masse erzeuge ein Ungleichgewicht. Darauf entgegnet er, dass seine Werke – Kreativität hin oder her – gleichwohl nützlich seien, und die durch sie erzeugte Unausgewogenheit sei auch nicht schlimmer als das allgemein beklagte Übergewicht technischer Themen in der Wikipedia. In der Tat erscheint Johanssons Plan, für jede bekannte Tierart einen Eintrag zu erzeugen, nicht unsinnig. Darüber hinaus plädiert er für eine breite Anwendung seines Programms. Gleichwohl brauche die Wikipedia Redakteure, die literarischer als »Lsjbot« schreiben und insbesondere Gefühle ausdrücken können, »wozu dieses Programm niemals fähig sein wird«.

Viel komplexer und eher der Bezeichnung »künstliche Intelligenz« würdig ist der Erfolg des Programms »Watson« der IBM in der Fernsehspielshow »Jeopardy!« (siehe »Intelligenztests, bei denen die Maschine gewinnt«).

Heutzutage nehmen es die Programme sogar beim Kreuzworträtsellösen mit den besten menschlichen Fachleuten auf. Man muss sich wohl endgültig von der Vorstellung verabschieden, die Sprache sei dem Menschen vorbehalten, auch wenn die automatische Übersetzung von einer Sprache in die andere zuweilen noch haarsträubenden Unfug liefert.

Einmal den Turing-Test bestehen!

Ebenso wie die Intelligenz entzieht sich der eng verwandte Begriff »Denkvermögen« jedem Versuch einer einfachen Definition. Um den zugehörigen Schwierigkeiten aus dem Weg zu gehen, schlug der Informatik-Pionier Alan Turing (1912–1954) 1950 den fiktiven Test vor, der heute seinen Namen trägt (*Spektrum der Wissenschaft* 6/2012, S. 80).

Eine Reihe von Gutachtern führt dabei per Fernschreibleitung – heute wäre stattdessen zu sagen: über das Internet – mit einem unbekannten System einen schriftlichen Dialog. Wenn die Experten nicht unterscheiden könnten, ob ihr Korrespondenzpartner ein Mensch oder eine Maschine ist, müsste man ihm Denkvermögen oder eben Intelligenz zuschreiben. Schließlich treffen wir das entsprechende Urteil bei einem echten Menschen auch ausschließlich auf Basis der Interaktion mit ihm.

Konkret wäre Turings Gedankenexperiment etwa so zu gestalten: Man versammelt eine große Zahl von Experten und lässt sie so lange, wie sie wollen, mit einem Partner eine schriftliche Korrespondenz führen; dieser ist in der Hälfte der Fälle ein Mensch und in der anderen ein zu testendes informatisches System S. Zu einem selbst gewählten Zeitpunkt gibt jeder Experte ein Urteil darüber ab, ob er es mit einem Menschen oder einer Maschine zu tun hatte. Ist die Trefferquote aller Experten zusammen nicht besser als der Zufall, also in der Größenordnung von 50 Prozent, so hat das System S den Turing-Test bestanden.

Der Kompressionswettbewerb von Marcus Hutter

Intelligenz ist – zum Beispiel – das Vermögen, zu einer gegebenen Folge von Daten deren Fortsetzung mit höherer Trefferquote vorherzusagen als durch schlichtes Würfeln.

Diese Fähigkeit ist, wie man zeigen kann, äquivalent zu der Fähigkeit, Daten zu komprimieren. Letztere wiederum gilt manchen Forschern, darunter Marcus Hutter, als Intelligenz schlechthin (»universelle Intelligenz«) – vorausgesetzt, die vorgelegten Daten sind hinreichend vielfältig.

Daher hat Hutter einen Wettbewerb in Datenkompression ins Leben gerufen. Jedermann kann sich daran beteiligen und das von Hutter selbst ausgesetzte Preisgeld von 50.000 Euro ganz oder teilweise gewinnen (http://prize.hutter1.net).

Die Aufgabe besteht darin, eine Datei mit 100 Millionen Schriftzeichen, die aus der Online-Enzyklopädie Wikipedia zusammengestellt wurde, mit Hilfe eines Programms auf möglichst wenige Zeichen zu komprimieren – verlustfrei wohlgemerkt: Ein mitzulieferndes Dekompressionsprogramm muss die Ausgangsdatei exakt wiederherstellen. Zu Beginn wurde die Datei mit Hilfe eines klassischen Kompressionsprogramms um etwa 81 Prozent auf 18.324.887 Schriftzeichen reduziert. Wer ein Programm einreicht, das die Rate des letzten Gewinners um N Prozent verbessert, erhält (N/100) mal 50.000 Euro. Wenn Sie sich beispielsweise ein Programm ausdenken, das im Vergleich zum vorigen Siegerprogramm eine zusätzliche Kompression von 5 Prozent bringt, gewinnen Sie 2500 Euro. An die Größe des Kompressionsprogramms und an seine Laufzeit werden gewisse Bedingungen gestellt.

Der bislang letzte Sieger Alexander Rhatushnyak erreichte im Mai 2009 eine Kompression auf 15.949.688 Zeichen. Claude Shannon, der Begründer der theoretischen Informatik, schätzte, dass die natürliche Sprache etwa ein Bit Information pro Zeichen trägt. Demnach müsste die genannte Datei mit 12,5 Millionen Zeichen ausdrückbar sein; es gäbe also noch Spielraum – vielleicht sogar etwas mehr, wenn man unterstellt, dass die Wikipedia die Regelmäßigkeit unserer Welt widerspiegelt und ein Programm diese Regelmäßigkeit erfassen könnte.

Der optimistische Turing sagte voraus, dass die KI bis zum Jahr 2000 einen Teilerfolg erreichen werde. Und zwar würden die Experten nach einem fünfminütigen Dialog in mindestens 30 Prozent der Fälle die Maschine für einen Menschen halten. Im Großen und Ganzen hat Turing Recht behalten: Seit einigen Jahren gibt es Programme, die diese abgeschwächte Form des Tests bestehen. Wann eines im »echten« Turing-Test erfolgreich sein wird, ist derzeit nicht abzusehen. Darüber hat auch Turing nichts gesagt.

Am 6. September 2011 fand im indischen Guwahati ein abgeschwächter Turing-Test mit dem Programm »Cleverbot« des britischen Informatikers Rollo Carpenter statt. 30 Schiedsrichter unterhielten sich vier Minuten lang mit einem unbekannten Gesprächspartner. Am Ende schätzten die Schiedsrichter und das Publikum, das die Konversation auf Bildschirmen mitverfolgen konnte, mit 59,3 Prozent der 1334 abgegebenen Stimmen die Maschine als Mensch ein (und erkannten nur mit 63,3 Prozent den Menschen als solchen).

Bei einem ähnlichen Test aus Anlass von Turings 60. Todestag am 9. Juni 2014 in der Londoner Royal Society gelang es einem Programm namens »Eugene Goostman«, 10 der 30 versammelten Gutachter in die Irre zu führen (*Spektrum der Wissenschaft* 5/2015, S. 15). Da die Organisatoren der Veranstaltung eine recht einseitige Darstellung in die Welt setzten, bejubelte die Presse als epochales Ereignis, was eigentlich ein eher bescheidener und zudem mit unfairen Mitteln erreichter Erfolg war: Das Programm gab vor, ein 13-jähriger Junge aus der Ukraine zu sein, und lieferte damit eine plausible Erklärung für sein schlechtes Englisch und sein eingeschränktes Weltwissen, die anderenfalls wohl die Gutachter eher an eine Maschine hätten denken lassen.

Bisher hat kein Algorithmus den Turing-Test bestanden, und es ist auch keiner nur knapp gescheitert. Zudem ist zweifelhaft, ob die Methoden, die bei den abgeschwächten Tests erfolgreich waren, beim echten zum Ziel führen. Eine Weile kann ein Programm einen Experten an der Nase herumführen, indem es zu jeder Frage eine Antwort aus einem großen gespeicherten Vorrat auswählt. Da Schiedsrichter immer wieder im Wesentlichen dieselben Fragen zu stellen pflegen, ist die Chance groß, im Speicher eine passende Antwort zu finden. Wenn die Maschine dann noch mit Hilfe eines Programms zur grammatischen Analyse Versatzstücke aus der Frage in die Antwort einbaut, entsteht sogar der Eindruck eines gewissen Verständnisses. Findet sie gar keine passende Replik, kontert sie mit einer Gegenfrage. Einem Journalisten, der »Eugene Goostman« fragte, wie er sich nach seinem Sieg fühle, erwiderte das Programm im Juni 2014: »Was ist das für eine dumme Frage; können Sie mir sagen, wer Sie sind?«

Auf der Suche nach der universellen Intelligenz
Für spezielle Aufgaben – einschließlich einer gewissen Sprachbeherrschung – erreicht heute die künstliche Intelligenz das Leistungsniveau des Menschen oder übertrifft es sogar weit. Das ist in Einzelfällen erstaunlich und ein Erfolg einer regelmäßig fortschreitenden Disziplin. Allerdings wurden diese Fortschritte praktisch nie durch Nachahmung der menschlichen Intelligenz erzielt und tragen zu deren Verständnis dementsprechend auch praktisch nichts bei. Insbesondere kann die Forschungsrichtung noch kein System vorweisen, das über eine wirklich allgemeine oder »universelle« Intelligenz verfügt. Das aber wäre zum Bestehen eines echten Turing-Tests erforderlich.

Was wäre nun eine solche universelle Intelligenz? Auf diese Frage gibt es einige neuere Antwortversuche sehr abstrakter, mathematischer Natur – wohl der beste Weg, um zu einem absoluten, vom Menschen unabhängigen Begriff der Intelligenz zu gelangen.

Eine naheliegende Hypothese lautet: Intelligenz ist die Fähigkeit, Regelmäßigkeiten und Strukturen aller Art zu erfassen oder, in Begriffen der Informatik ausgedrückt, Daten zu komprimieren und zukünftige Ereignisse vorauszusagen. Diese Fähigkeit bietet einen evolutionären Vorteil, denn ihr Träger kann sich die erkannten Regelmäßigkeiten durch entsprechend angepasstes Verhalten zu Nutze machen.

AlphaGo, der neue Go-Meister

Kürzlich haben die Maschinen im Brettspiel offenbar ihre letzte Schwäche überwunden: das fernöstliche Spiel Go. In einem nach den klassischen Regeln gespielten Turnier vom 5. bis zum 9. Oktober 2015 gewann das Programm »AlphaGo« mit 5 : 0 gegen den dreifachen Go-Europameister Fan Hui *(Nature 529, S.* 445 *und 484, 2016).* Damit erreichten die Programmierer der Firma Google DeepMind aus London ihr Ziel schätzungsweise zehn Jahre früher als erwartet.

Go ist nicht etwa deswegen schwieriger als Schach, weil die Regeln komplizierter wären – im Gegenteil: Es gibt nur eine Sorte Figuren (»Steine«). Die Parteien Schwarz und Weiß setzen abwechselnd einen Stein ihrer Farbe auf einen der 19·19 Kreuzungspunkte eines regelmäßigen Gitters. Gesetzte Steine werden nicht mehr bewegt, sondern lediglich entfernt, wenn sie von gegnerischen Steinen »umzingelt« sind. Gewonnen hat, wer am Ende den größeren Teil des Spielfelds beherrscht.

Was das Spiel den einfachen Regeln zum Trotz so kompliziert macht, ist die schiere Anzahl der Züge sowie der Möglichkeiten pro Zug. Während ein Schachspieler in jedem Zug durchschnittlich etwa 35 erlaubte Aktionen zur Auswahl hat und kaum ein Spiel länger als 80 Züge dauert, sind die entsprechenden Werte für Go 250 und 150.

Bei schlichter strukturierten Spielen konnten die Programmierer mit roher Gewalt (»brute force«), gepaart mit großer Raffinesse, Erfolge erzielen, indem sie den Computer im Wesentlichen alle zulässigen Spielstellungen durchprobieren ließen. Durch Rückwärtsschließen von den Endstellungen wiesen sie jeder Stellung einen Wert zu: + 1, wenn Weiß einen Sieg erzwingen kann, – 1 im umgekehrten Fall.

Schon für das Schachspiel ist jedoch diese erschöpfende Durchsuchung des Spielbaums ein Ding der Unmöglichkeit und wird es auf absehbare Zeit bleiben. Stattdessen versucht ein Spielprogramm zu jeder Stellung einen geschätzten Wert zwischen – 1 und 1 zu finden: Je größer dieser Wert, desto günstiger ist die Stellung für Weiß. Aus der aktuellen Stellung denkt es eine überschaubare Anzahl von Zügen voraus, findet Bewertungen (die genannten Schätzwerte) für alle so erreichbaren Stellungen und wählt anhand dieser Information seinen nächsten Zug aus (*Spektrum der Wissenschaft* 12/1990, S. 94).

Bereits die Vorläufer von AlphaGo sind davon abgekommen, auch nur jenen Ast des Spielbaums, der von der gegenwärtigen Stellung ausgeht, erschöpfend zu durchsuchen. Vielmehr probieren sie zahlreiche nach dem Zufallsprinzip ausgewählte lange Zugfolgen durch (»Monte Carlo tree search«, MCTS) und wählen dann den Zug aus, der nach Mittelung über alle diese Versuche optimal erscheint.

Mit oder ohne Zufall: Entscheidend für den Erfolg ist das Vorwissen, welches das Spielprogramm mitbringt. Das steckt bei den klassischen Programmen in der Bewertungsfunktion, also dem Algorithmus, der zu einer gegebenen Stellung deren Schätzwert berechnet. Für die Monte-Carlo-Versionen kommt noch die Strategie hinzu, nach der das Programm die Zufalls-Zugfolgen auswählt. Eine gute Strategie bevorzugt aussichtsreiche Züge, lässt aber denen, die auf den ersten Blick schlecht aussehen, noch eine gewisse Chance.

Neu an der Software der Londoner Spezialisten ist die Methode des Wissenserwerbs. Bisher konstruierten die Programmierer ihre Bewertungsfunktionen, indem sie ihre Maschinen große Datenbanken mit aufgezeichneten Partien durchsuchen ließen und damit Statistiken erstellten. Bei Schach fließen auch noch aus der Literatur bekannte Faustregeln über den Wert gewisser Figuren und Stellungen ein. AlphaGo dagegen erlernt sein Wissen selbst, und zwar mit Hilfe eines tiefen (vielschichtigen) neuronalen Netzes (*Spektrum der Wissenschaft* 9/2014, S. 62). So wie die Schichten eines neuronalen Netzes bei der Bildanalyse quasi automatisch umso größere Teilbereiche eines Bildes erfassen, je höher sie liegen (*Spektrum der Wissenschaft* 12/2015, S. 86), so analysiert das neuronale Netz von AlphaGo eine gegebene Go-Stellung auf verschiedenen Niveaus, ohne explizit darauf programmiert worden zu sein.

In einer ersten Phase lernte das 13-schichtige neuronale Netz an 30 Millionen Spielstellungen aus der Go-Datenbank KGS; in der nächsten verbesserte es dieses Wissen, indem es gegen jeweils ältere Versionen seiner selbst spielte und die Ergebnisse auswertete. In der dritten schließlich lernte es unter Verwendung dieser Vorerfahrungen eine Bewertungsfunktion; diese ging in die Entscheidungen während der Partie ein.

Hat AlphaGo seinen Erfolg auf grundsätzlich anderem Weg erzielt als ein Mensch? Sein Gegner Fan Hui hatte nicht den Eindruck: »Wenn niemand es mir erzählt hätte, dann hätte ich meinen Gegner für einen etwas seltsamen, aber starken Spieler gehalten – und auf jeden Fall für einen echten Menschen.« Mit etwas gutem Willen könnte man diese Art des Lernens, vor allem die zwei Phasen »abschauen beim Meister« und »sich selbst des Stoffs bemächtigen« als menschentypisch ansehen, zumal neuronale Netze in ihrem Aufbau dem menschlichen Gehirn nachempfunden sind.

In einer negativen Eigenschaft gleicht das System allerdings dem Menschen: Es kommt zwar auf Ideen, aber hinterher kann niemand sagen, wie. Die Antwort steckt in den internen Parametern (den »synaptischen Gewichten«) des neuronalen Netzes. Diese sind zwar, im Gegensatz zu entsprechenden Eigenschaften menschlicher Nervenzellen, der Erforschung ohne Weiteres zugänglich, aber eine tiefere

Einsicht oder gar eine algorithmische Formulierung lässt sich daraus nicht gewinnen.
Ein Turnier gegen den Koreaner Lee Sedol, der als derzeit stärkster Go-Spieler der Welt gilt, ist für März 2016 geplant.

Christoph Pöppe

Ein Beispiel: Wer in der Zahlenfolge 4, 6, 9, 10, 14, 15, 21, 22, 25, 26, 33, 34, 35, 38, 39, 46, 49, 51, 55, 57 die Struktur »Produkte zweier Primzahlen, nach Größe geordnet« erkennt, kann die Sache nicht nur kürzer ausdrücken, sondern weiß auch, was folgen wird: 58, 62, 65, 69, 74, 77, 82, 85, 86, 87, ...

Der amerikanische Informatiker Ray Solomonoff hat um 1965 diese Beziehung zwischen Intelligenz, Kompression und Voraussage formalisiert. Dabei griff er ein viel zitiertes Prinzip des Philosophen William of Ockham (1288–1347) auf, das heute als »Ockhams Rasiermesser« so formuliert wird: Unter allen mit den Beobachtungen zu vereinbarenden Erklärungen eines Sachverhalts ist die einfachste zu bevorzugen. In Solomonoffs Version ist die »einfachste« die am stärksten komprimierte, das heißt diejenige mit dem kleinsten Verhältnis zwischen Erklärung und erklärten Daten.

Wenn man diese beiden Größen – Menge der Daten und Umfang der Erklärung – auf vernünftige Weise zahlenmäßig ausdrücken kann, wird aus der letzten Version ein mathematisches Kriterium. Genau das leistet die algorithmische Theorie der Information, die auf Andrej Kolmogorow und Gregory Chaitin zurückgeht (*Spektrum der Wissenschaft* 11/2012, S. 82, und 2/2004, S. 86). Nach ihr ist die Komplexität einer beliebigen Zeichenkette (insbesondere einer vollständig beschriebenen Theorie) gleich der Länge des kürzesten Programms, das zur Erzeugung derselben fähig ist.

Auf der Basis dieses Komplexitätsbegriffs gab schließlich der deutsche Informatiker Marcus Hutter, der inzwischen an der Australian National University lehrt, eine Definition der »universellen Intelligenz«. Und zwar ist sie zu messen als »der Erfolg einer Strategie, gemittelt über alle vorstellbaren Umwelten«. Die zunächst wenig aufschlussreiche Formulierung wird dadurch interessant, dass sich alle in ihr vorkommenden Begriffe im Sinn der Informatik interpretieren lassen: »Strategie« ist ein beliebig leistungsfähiges Stück Software, »Umwelt« alle Daten, mit denen sie konfrontiert werden könnte – unter der relativ schwachen Voraussetzung, dass diese Daten nicht vollkommen willkürlich sind, sondern gewissen Gesetzmäßigkeiten gehorchen, so wie unsere natürliche Umwelt den Gesetzen der Physik unterliegt. »Erfolg« schließlich ist zu verstehen als Maximierung einer sinnvoll definierten Zielfunktion, die typischerweise das eigene Überleben und die Erzeugung zahlreicher Nachkommen umfasst.

Hutter präzisiert seine Definition noch durch etliche technische Details, die hier nicht wiedergegeben werden können. Auch damit bleibt jedoch sein Konzept zu abstrakt, um unmittelbar anwendbar zu sein: Noch ist die Vorstellung, man könne die universelle Intelligenz eines KI-Systems durch einen Test bestimmen, fern jeder Realität. Gleichwohl eignet sich der Begriff zum Aufbau einer mathematischen Theorie, die nicht mehr von den Eigenheiten der menschlichen Intelligenz abhängt. Im Gegensatz zu den eingangs erwähnten multiplen Intelligenzen von Howard Gardner wäre somit Intelligenz ein einheitliches Konzept, und an die Stelle der gängigen, von Willkür geprägten Intelligenztests könnte eine Klassifikation treten, die jedem lebenden oder mechanischen Wesen in sinnvoller Weise ein Maß an Intelligenz zuschreiben würde.

Ihrer gegenwärtigen Realitätsferne zum Trotz stellt diese Theorie einen bedeutenden Fortschritt dar. Mittlerweile hat die »universelle künstliche Intelligenz« den Rang eines eigenen Forschungsgebiets und eine eigene Fachzeitschrift, das frei zugängliche *Journal of Artificial General Intelligence.*

Zweifellos um zu verhindern, dass sich die Disziplin mit der Entwicklung ihres mathematischen Teils zufriedengibt, hat Marcus Hutter einen Informatikwettbewerb ins Leben gerufen. Er beruht auf der Idee, dass man umso intelligenter ist, je stärker man Daten zu komprimieren vermag. Wer gewinnen und einen Teil des Preisgelds von 50.000 Euro einstreichen will, muss gewisse Inhalte der Wikipedia möglichst gut komprimieren, wobei diese als eine Art Miniaturabbild des Reichtums unserer Welt gilt.

Vielleicht wird die neue Disziplin den Forschern dabei helfen, die universelle Intelligenz zu realisieren, die unseren aktuellen Maschinen so offensichtlich fehlt.

Quellen

- **Dowe, D., Hernández-Orello, J.:** How Universal can an Intelligence Test Be. In: Adaptive Behavior 22, S. 51–69, 2014
- **Goertzel, B.:** Artificial General Intelligence: Concept, State of the Art, and Future Prospects. In: Journal of Artificial General Intelligence 5, S. 1–48, 2014
- **Hutter, M.:** Universal Artificial Intelligence: Sequential Decisions Based on Algorithmic Probability. Springer, Heidelberg 2005
- **Hutter, M.:** 50.000 Euros Prize for Compressing Human Knowledge. http://prize.hutter1.net
- **Tesuaro, G. et al.:** Analysis of Watson's Strategies for Playing Jeopardy! http://arxiv.org/abs/1402.0571

Müssen wir autonome Killerroboter verbieten?

Jean-Paul Delahaye

Lassen sich Maschinen so programmieren, dass sie sich an ethische Prinzipien halten? Die Gesetze der Robotik, die der Schriftsteller Isaac Asimov schon 1942 aufgestellt hat, sind heute aktueller denn je.

Autonome Tötungsmaschinen

1. Neuartige Waffensysteme steuern nicht nur automatisch ihr Ziel an, sondern treffen auch eigenständig die Entscheidung für den tödlichen Schuss.
2. Dabei sind sie theoretisch wie praktisch unfähig, allgemein anerkannte Regeln der Kriegführung wie Verschonung von Zivilisten oder Verbot der Reaktion im Übermaß einzuhalten.
3. Noch ist es nicht zu spät für eine internationale Vereinbarung zur Ächtung dieser Waffensysteme.

Im Jahr 2029 tobt ein Krieg zwischen Menschen und intelligenten Maschinen. Ein Roboter wird in die Vergangenheit

© Springer-Verlag GmbH Deutschland 2017
C. Könneker (Hrsg.), *Unsere digitale Zukunft*, DOI 10.1007/978-3-662-53836-4_25

entsandt, um Sarah Connor zu töten, bevor sie John Connor, die zukünftige zentrale Führungsfigur im Kampf gegen die Maschinen, zur Welt bringen kann. Der Sciencefiction-Film »Terminator« und seine Fortsetzungen drehen sich um die Idee, eines Tages könnten sich Roboter eigenständig entscheiden, Menschen umzubringen – und zwar im ganz großen Stil.

Es gehört zum Wesen der Sciencefiction, der technischen Realisierbarkeit weit vorauszueilen; aber in diesem Punkt holt die Realität gerade mit Riesenschritten auf. Tötungsmaschinen, in der wissenschaftlichen Diskussion »lethal autonomous weapons systems« (LAWS) genannt, stehen kurz vor der Vollendung – vielleicht gibt es sie schon. Ihr bevorstehender Einsatz auf dem Schlachtfeld wirft neue, verstörende Fragen auf: Was fällt unter den Begriff »Kampfroboter«? Wer ist für dessen Handlungen verantwortlich? Welche Prinzipien sollen seine Aktionen bestimmen?

Schon 1942 stellte Isaac Asimov (1920–1992), ein ebenso berühmter wie produktiver amerikanischer Autor russischer Abstammung, in der Zeitschrift *Astounding Science Fiction* die Frage nach einer Ethik für Roboter. Damit gilt er heute als Begründer einer philosophischen Disziplin, deren Vertreter vor allem in den USA Kolloquien veranstalten und zahlreiche Bücher publizieren. In der Kurzgeschichte *Runaround* formulierte Asimov 1942 seine drei berühmt gewordenen Gesetze der Robotik. Sie sollten das Verhalten der – damals noch fiktiven – Automaten kontrollieren und sie zum Schutz der Menschen moralischen Imperativen unterwerfen.

Erstes Gesetz: Ein Roboter darf keinen Menschen verletzen oder durch Untätigkeit zu Schaden kommen lassen.

Zweites Gesetz: Ein Roboter muss den Befehlen eines Menschen gehorchen, es sei denn, solche Befehle stehen im Widerspruch zum Ersten Gesetz.

Drittes Gesetz: Ein Roboter muss seine eigene Existenz schützen, solange dieser Schutz nicht dem Ersten oder dem Zweiten Gesetz widerspricht.

Später fügte Asimov noch ein »Nulltes Gesetz« hinzu: Kein Roboter darf die Menschheit schädigen oder durch Untätigkeit zulassen, dass sie geschädigt wird.

Für ihn selbst waren diese Gesetze von zentraler Bedeutung. Sie kommen nicht nur immer wieder in seinen mehr als 100 Büchern vor, er erwartete auch ernsthaft, dass sich künftige Roboter an sie halten würden. Wütend verließ er eine Vorführung des Films »2001 – Odyssee im Weltraum« von Stanley Kubrick in dem Moment, in dem der Computer HAL 9000 das Erste Gesetz verletzte, indem er ein Besatzungsmitglied des Raumschiffs »Discovery One« angriff.

Auch in der realen Welt fand Asimov kein Gehör: Kein heutiger Rechner ist so konstruiert oder programmiert, dass er gezwungen wäre, den drei Gesetzen zu folgen. Warum?

Wer die Folgen seines Tuns nicht abschätzen kann, ist unfähig, die Gesetze einzuhalten

Erstens haben die Roboter sich anders entwickelt, als Asimov und einige andere sich das vorgestellt hatten. Bis heute gibt es Wesen, die uns ähneln und die man wie Sklaven oder Dienstboten anweisen kann, gewisse Dinge zu tun, allenfalls im Film. Erst nach und nach werden die Maschinen inzwischen mit gewissen Fähigkeiten ausgestattet, die zur Intelligenz gehören.

Das erschwert auch die Abgrenzung. Ist der Autopilot, der Ihr Flugzeug bei der Landung steuert, ein Roboter? Ist er intelligent? Man macht es sich zu einfach, wenn man mit Nein antwortet. Der Autopilot weiß sehr genau, wo er ist (womit er über eine rudimentäre Form von Selbstbewusstsein verfügt) und wie man das Fluggerät sicher auf die Erde bringt.

Er kann zwar weder die Zeitung lesen noch ein Zimmer im Hotel reservieren oder einen guten Film schätzen, aber er erledigt ebenso gut wie ein Mensch – oder besser – eine Aufgabe, die wir ohne zu zögern als schwierig und wichtig bezeichnen würden.

Die Algorithmen der Internet-Suchmaschinen finden eine Information, nach der wir fragen, besser, als jeder Mensch es könnte. Ist das ein Ausdruck von Intelligenz? Zumindest ist die Behauptung, die Algorithmen seien dumm, zu kurz gegriffen. Sie sind es nicht, obwohl sie nur fähig sind, eine bestimmte Arbeit auszuführen.

Offensichtlich können wir einen Roboter nicht in gewöhnlicher Sprache anweisen, Asimovs drei Gesetze zu befolgen; er würde uns schlicht nicht verstehen. Aber selbst wenn das kein Problem wäre, müsste er über die Möglichkeit verfügen, beliebige Situationen zu analysieren und zu beurteilen. Insbesondere müsste er die Folgen seines Handelns so weit überblicken, dass er feststellen könnte, ob die Ausführung eines Befehls einem der Gesetze widerspricht oder nicht. Solche Analysen kann heute kein Roboter durchführen.

Das hat Rodney Brooks in klaren Worten auf den Punkt gebracht. Die von ihm gegründete amerikanische Firma iRobot entwirft, baut und verkauft Roboter wie den PackBot, der in Fukushima und vor allem in Afghanistan zum Einsatz kommt. Auf die Frage, warum seine Roboter nicht so programmiert seien, dass sie die Gesetze von Asimov befolgen, erwiderte Brooks: »Ganz einfach: Ich kann ihnen diese Gesetze nicht einbauen.«

Ganz allmählich schleicht sich derzeit die Intelligenz in die informatischen Systeme ein, und deren Autonomie nimmt zu. Aber diese Fähigkeiten sind in keiner Hinsicht denjenigen des Menschen vergleichbar, und das macht die Vorstellung,

Roboter könnten Asimovs Gesetze verstehen und befolgen, zumindest für die Gegenwart völlig illusorisch.

Gleichwohl ist es alles andere als überflüssig oder verfrüht, über ethische Probleme im Kontext der Robotik nachzudenken. Das gilt in besonderem Maß für die autonomen Fahrzeuge, da sie kurz vor der Marktreife stehen.

Angeblich werden die Algorithmen, die diese Autos steuern, besser fahren als ein Mensch, wenn sie erst einmal ausgereift sind, und damit zu mehr Sicherheit im Straßenverkehr beitragen. Folglich steht ein Verbot gegenwärtig nicht zur Debatte. Aber wie sollte sich der Algorithmus entscheiden, wenn er in eine Situation gerät, in der er nur die Wahl zwischen zwei Übeln hat: entweder das Kind zu überfahren, das plötzlich auf die Straße gerannt ist, oder den Radfahrer auf der Gegenfahrbahn?

Wer sollte die Regeln dafür festlegen, und nach welchen Grundsätzen sollte das geschehen? Eine Antwort auf diese Frage ist äußerst verzwickt, aber unumgänglich (*Spektrum der Wissenschaft* 10/2015, S. 82). Das Problem der ethischen Regeln kann sehr schwierig werden – und in manchen Fällen sogar unentscheidbar im Sinn der Logik, wie Forscher kürzlich herausgefunden haben (siehe Kasten »Das Weichenstellerdilemma«).

Lizenz zum Töten

Es gibt noch einen zweiten, viel bedrückenderen Grund, warum Asimovs Gesetze nicht in die Roboter eingebaut werden. Gewisse autonome Maschinen werden eigens zum Töten konstruiert (*Spektrum der Wissenschaft* 12/2010, S. 70).

Das Problem ist nicht vollkommen neu; aber es stellt sich in besonderer Schärfe, wenn die drei Begriffe »Roboter«, »autonom« und »töten« zusammenkommen. Schon eine Tretmine ist autonom in dem Sinne, dass sie sich »entscheidet«, zu explodieren, falls sie in ihrer unmittelbaren Umgebung etwas »wahrnimmt«, und zwar ohne dass ein menschliches Wesen diese Entscheidung bestätigen müsste. Zahlreiche Raketen und Bomben detonieren erst dann, wenn ein empfindlicher Mechanismus feststellt, dass sie an ihrem Ziel beziehungsweise auf dem Erdboden angekommen sind. Noch näher kommen der Autonomie solche Raketen, die mit Hilfe ihrer eingebauten Suchautomatik gnadenlos ihr Ziel verfolgen oder es sogar selbst bestimmen, indem sie beispielsweise ein Schiff im Meer durch Analyse des Kamerabilds oder einen Menschen im Gelände durch seine Infrarotstrahlung ausfindig machen.

Das Weichenstellerdilemma

Ein häufig zitiertes Gedankenexperiment in der Ethik handelt von einem außer Kontrolle geratenen Güterwagen, der auf eine Gruppe von fünf nichts ahnenden Gleisarbeitern zurast. Auf dem Weg befindet sich eine Weiche; Sie haben gerade noch genug Zeit, sie umzustellen. Wenn Sie das tun, wird der Wagen auf das Nachbargleis gelenkt und tötet an Stelle der fünf Leute nur einen, der dort ebenso ahnungslos steht. Soll man die Weiche umstellen?

Die traditionelle christliche Ethik antwortet mit Nein. Es sei unter keinen Umständen zulässig, einen Unschuldigen zu töten; so sei Gott dem Abraham in den Arm gefallen, als der im Begriff war, seinen Sohn Isaak zu opfern. Das gelte selbst dann, wenn das Unterlassen schlimmere Folgen hätte als das Handeln.

Ein moderner Utilitarist würde dagegen fünf Leben gegen eines abwägen und daraufhin die Weiche umstellen. Diese Antwort geben auch etwa 90 Prozent derjenigen, denen eine entsprechende Frage gestellt wurde.

In einer Variante des Dilemmas stehen Sie auf einer Brücke über den Gleisen, und neben Ihnen steht ein überaus dicker Mann. Wenn Sie ihn von der Brücke stoßen, genügt seine Körpermasse, um den Güterwagen zum Stehen zu bringen. Eigentlich ist das im Wesentlichen dieselbe Situation wie zuvor: Sie würden einen Unschuldigen aktiv töten, um fünf andere zu retten. Gleichwohl wären nur weitaus weniger unter den Befragten bereit, einen solchen Akt zu vollführen.

Kürzlich haben Matthias Englert, Sandra Siebert und Martin Ziegler von der Interdisziplinären Arbeitsgruppe Naturwissenschaft, Technik und Sicherheit (IANUS) an der TU Darmstadt eine Variante erarbeitet, die das ethische Problem mit den berüchtigten Unentscheidbarkeitssätzen von Kurt Gödel verknüpft. Diesmal wird die Weiche von einem Computerprogramm gesteuert, und ein Roboter steht vor der Entscheidung, ob er einen Knopf drücken soll, der das Programm anweist, die Weiche richtig zu stellen. Eine falsche Stellung führt einen tödlichen Unfall herbei; den einen Unschuldigen gibt es in dieser Variante nicht.

Der Roboter kann das Programm, das die Weiche steuert, einsehen, aber nicht ändern; und dessen Autor ist eine zwielichtige Figur. Möglicherweise hat er das Programm – in terroristischer Absicht – so geschrieben, dass es just in diesem Moment das Gegenteil von dem tut, was es soll. Also muss der Roboter, bevor er den Knopf drückt, das Programm analysieren, um die Folgen seines Tuns vorherzusagen. Und genau das ist möglicherweise unmöglich.

Alain Turing hat 1936 gezeigt, dass es ein Programm, welches das Verhalten jedes Programms korrekt vorhersagt, nicht geben kann. Das gilt insbesondere für die Frage, ob das untersuchte Programm anhalten wird (das »Halteproblem«).

Selbst in einer – zugegeben: äußerst künstlichen – Situation, in welcher der Zufall keine Rolle spielt, alle Informationen vollständig verfügbar sind und das handelnde Subjekt, hier eine Maschine, über unbegrenztes Denkvermögen verfügt, ist dieses also außer Stande, sich für das Richtige zu entscheiden.

Inwieweit ein Mensch dazu in der Lage wäre, diskutieren Englert, Siebert und Ziegler gar nicht erst.

Systeme zum Grenzschutz schießen auf alles, was in eine verbotene Zone eindringt. Das gilt zum Beispiel für den »Samsung Techwin Surveillance and Security Guard Robot«, der in der entmilitarisierten Zone zwischen Nord- und Südkorea stationiert ist. Er wird von menschlichen Operateuren kontrolliert, hat aber auch einen automatischen Modus. Einige Antiraketensysteme feuern ohne menschliches Eingreifen; das trifft insbesondere auf das amerikanische System »Patriot« und auf das israelische »Iron Dome« (Eisenkuppel) zu.

Die Kampfdrohnen, welche die USA heute auf vielen Schlachtfeldern einsetzen, sind in aller Regel ferngesteuert, mit einem Menschen als Glied der Befehlskette. Meistens lösen die Drohnen sogar eine Rakete oder Bombe erst dann aus, wenn sie einen expliziten Feuerbefehl empfangen. Man weiß, dass sie sehr wirkungsvolle Tötungsmaschinen sind – und zahlreiche »Kollateralschäden« verursachen, das heißt mehr Menschen umbringen als vorgesehen. Einige Drohnen funktionieren auch automatisch, treffen also die Entscheidung, zu schießen, ohne dass ein Mensch beteiligt wäre.

In einem 2013 für die UNO verfassten Bericht hält Christof Heyns, Juraprofessor an der University of Pretoria (Südafrika), es für sicher, dass Länder wie die USA, Großbritannien, Israel und Südkorea in ihren militärischen Forschungseinrichtungen über funktionstüchtige autonome Killerroboter verfügen.

Zweifellos sind wir in der Lage, autonome, bewaffnete und mit einer gewissen Intelligenz ausgestattete Tötungsmaschinen zu bauen und zu nutzen. Wir können sie in den Kampf schicken, um Feinde zu suchen, zu identifizieren und zu töten, ohne dass ein einziger Mensch ihre Entscheidung im Einzelnen gutgeheißen hat. Auch wenn heute angeblich stets ein Mensch in den Entscheidungsprozess eingebunden ist, könnte man diese Instanz abschaffen, ohne die Konzeption nennenswert zu verändern.

Aber wollen wir wirklich in dieser Richtung weitermachen? Muss nicht vielmehr die Verwendung von derartigen Waffen begrenzt oder gar verboten werden?

Die Verfechter der automatischen Tötungssysteme und ihrer Weiterentwicklung bringen für ihren Standpunkt im Wesentlichen zwei Argumente vor. Erstens sei es ohnehin zu spät für ein Verbot, denn diese Systeme existieren schon. Zweitens würden die neuen Waffen wegen ihrer höheren Präzision die Unbeteiligten eher verschonen und ganz allgemein dasselbe Ziel mit weniger Zerstörung erreichen als menschliche Kämpfer: Kriegführung würde »sauberer«.

Auf das erste Argument ist zu entgegnen, dass die schiere Existenz einer Waffe einem funktionierenden Verbot nicht entgegensteht. Auch nukleare, chemische und biologische Waffen gab es schon, bevor sich die Staatengemeinschaft auf internationale Verträge zu ihrer Begrenzung oder zum Verbot einigte. Und diese Abkommen stehen nicht nur auf dem Papier, sondern haben tatsächlich den Einsatz der betroffenen Waffen eingeschränkt. Vergleichbare Vereinbarungen gibt es seit 1998 auch zu Landminen und zu Lasern, die das Opfer erblinden lassen. Entsprechend könnte man sich darauf einigen, die Entwicklung von autonomen Killerrobotern zu beenden. Das Problem wird heute in internationalen Gremien diskutiert; wir alle können uns dafür einsetzen, diese Diskussionen rasch zum Abschluss zu bringen.

Das zweite Argument mit der saubereren Kriegführung ist schlicht falsch. Denn bei näherer Betrachtung läuft es auf die Behauptung hinaus, man könne in einen Killerroboter Regeln einbauen wie »Greife nur den Feind an«, »Ziele nicht auf Zivilisten« oder gar »Reagiere auf einen Angriff angemessen«. Das aber ist genauso unmöglich zu programmieren wie Asimovs Gesetze der Robotik – zumindest solange die Maschinen nicht über menschenähnliche Fähigkeiten zur Analyse verfügen. Die Roboter, die wir produzieren, können sich mit großer Präzision bewegen sowie schnell und treffsicher auf menschliche oder andere Ziele schießen; aber sie sind nicht fähig, richtig zu entscheiden, ob sie schießen sollen oder nicht, und wenn ja, auf wen.

Man beeilt sich ... langsam

Weitere Argumente gegen Killerroboter finden sich in einem offenen Brief vom Juli 2015. Zu den mittlerweile fast 40.000 Unterzeichnern zählen Spezialisten für künstliche Intelligenz, Personen, die sich betroffen fühlen, und Prominente wie der Physiker Stephen Hawking und Steve Wozniak, der Mitbegründer von Apple (siehe Kasten »Ein humanistischer Aufschrei«). Der Brief spricht vor allem die Befürchtung aus, dass Terroristen solche Waffen einsetzen könnten. Dieses Problem wiegt hier schwerer als bei anderen Waffen, da man für autonome Tötungsmaschinen nur Software und relativ bescheidene, weit verbreitete Technologien benötigt. Anders als zum Beispiel ein nuklearer Sprengkopf ist ein Feuerleitprogramm für eine Kampfdrohne schnell kopiert, und wenn erst jemand den Code ins Internet stellt, werden Diktatoren und Terroristen aller Art sowie das organisierte Verbrechen bereitwillig zugreifen. Man stelle sich nur vor, welche Folgen ein terroristischer Kampfdrohnenangriff auf einen belebten Bahnhof oder ein voll besetztes Fußballstadion hätte.

Für ein internationales Abkommen müsste allerdings eine geeignete Definition eines autonomen Roboters gefunden werden – nicht ganz einfach, weil zwischen einem bloßen Funktionieren und der vollen Autonomie ein fließender Übergang besteht. Aber ist das wirklich schwieriger, als festzulegen, was eine biologische oder eine chemische Waffe ist? Könnte man sich nicht angesichts dessen, was auf dem Spiel steht, wenigstens bei den unstreitig autonomen Systemen einigen?

Das Thema hat es noch nicht auf die Tagesordnung der Genfer Abrüstungskonferenz der Vereinten Nationen (United Nations Conference on Disarmament, UNCD) geschafft. Immerhin fand im April 2015 am Rand der turnusmäßigen Versammlung der UNCD ein informelles Expertentreffen statt. Man diskutierte Definitionsfragen wie den Unterschied zwischen automatischen und autonomen Systemen oder die genaue Bedeutung der Formulierung »wirksame Kontrolle durch den Menschen« (meaningful human control). Bei der Vorgängerveranstaltung 2014 hatte Jean-Hugues Simon Michel, Vertreter Frankreichs und Leiter der Versammlung, in seinem Schlusswort positiv vermerkt, dass »die anregende Natur der autonomen Waffen sich im sehr lebhaften und anregenden Charakter der Debatten bemerkbar gemacht« habe. Zu hoffen bleibt, dass den anregenden Diskussionen weitere Schritte folgen.

Steve Goose, Direktor der für Waffen zuständigen Abteilung von Human Rights Watch, hält ein international vereinbartes Verbot autonomer Waffen für durchaus erreichbar und fordert entsprechende Verhandlungen. Einige Beobachter räumen seinem Appell allerdings nur geringe Chancen ein, da viele Staaten in aller Ruhe ihre Forschungen fortsetzen möchten. Schlimmer noch: Wenn die internationale Menschenrechtskonvention, die 1949 in Genf verkündet wurde, die Diskussionsgrundlage bilde, dürfe man autonome Tötungsmaschinen, welche die Konvention einhalten, nicht verbieten. Vertreter dieser Position begehen denselben Fehler wie Asimov, indem sie glauben, ein Killerroboter könne zur Beachtung irgendwelcher Konventionen im Prinzip fähig sein.

Am 13. November 2015 beschlossen die Unterzeichnerstaaten der UN-Waffenkonvention (Convention on certain Conventional Weapons, CCW) in Genf, dass autonome tödliche Waffensysteme völkerrechtlich zunächst unbehelligt bleiben sollen. Besonders Länder wie die USA, Israel, Russland und Australien sprachen sich dezidiert gegen formale Verbotsverhandlungen aus.

Ein humanistischer Aufschrei

Verschiedene öffentliche Aktionen zielen darauf ab, die Diskussion über ein Verbot autonomer tödlicher Waffensysteme voranzutreiben. Zahlreiche Nichtregierungsorganisationen haben sich in der »Campaign to stop killer robots« zusammengeschlossen.

Im Sommer 2015 haben fast 3000 Forscher im Bereich der künstlichen Intelligenz und der Robotik einen offenen Brief ins Netz gestellt, den mittlerweile mehr als 35.000 weitere Personen unterschrieben haben (https://futureoflife.org/open-letter-autonomous-weapons/). Darin ist unter anderem zu lesen:

»Die Schlüsselfrage für die heutige Menschheit lautet, ob für Waffen der künstlichen Intelligenz ein Rüstungswettlauf ausbricht oder noch unterbunden werden kann. Sollte sich eine militärische Großmacht in der Entwicklung dieser Waffen engagieren, wäre ein solcher Wettlauf unvermeidlich, mit der Folge, dass autonome Waffen die Kalaschnikows der Zukunft werden …

Wir glauben, dass die künstliche Intelligenz auf verschiedene Weisen der Menschheit von Nutzen sein kann und dass dies auch ihr Ziel sein muss. Die Eröffnung eines Wettrüstens in Waffen der KI ist eine schlechte Idee und muss durch das Verbot von autonomen Offensivwaffen, die sich jeglicher menschlichen Kontrolle entziehen, verhindert werden.«

Rebellische und fehlerhafte Roboter

Ein Thema taucht in der Sciencefiction immer wieder auf: die Rebellion der Roboter. Zweifellos hat Asimov hieran gedacht,

als er seine Gesetze aufstellte. Die mechanischen Sklaven sollten sich besonnen und untertänig verhalten.

Obwohl heutige Roboter zu revolutionären Akten vollkommen unfähig sind, ist das Thema für die Zukunft durchaus relevant – und wesentlich problematischer, als es üblicherweise dargestellt wird. Zuerst einmal stellt sich die Frage
der »bugs« (Softwarefehler). Bekanntlich ist es praktisch
unmöglich, ein fehlerfreies Programm zu schreiben. Aller
Wahrscheinlichkeit nach werden auch noch in den Robotern
der fernen Zukunft »bugs« stecken.

Nehmen wir an, ein Programmierer löscht versehentlich
eine Zeile, und deswegen schießt – auf einen belanglosen Aus-
lösereiz hin – ein Killerroboter auf jeden Menschen, dem er
begegnet. Wäre das eine Rebellion?

Sicherlich nicht. Die Frage entspricht derjenigen nach
der Verantwortung des Menschen. Ein Verrückter ist nicht
verantwortlich, selbst wenn er tötet. Folglich muss man definieren, was Wahnsinn für einen Roboter bedeutet. Zwischen einem »bug« und einer Rebellion liegt ein ganzes
Kontinuum möglicher Situationen, und eine Abgrenzung ist
theoretisch wie praktisch äußerst schwierig zu finden. Bevor
sich eine Armee von Robotern organisiert mit dem Ziel, den
Menschen die Macht zu entreißen, werden wir zahlreiche
Fehlfunktionen von Robotern erleben, mit Verwundeten,
Toten oder großen Katastrophen. Dabei werden wir nicht
sagen können – nicht einmal theoretisch –, ob ein dämlicher
Programmierfehler oder eine mit Vorsatz geplante Rebellion
dahintersteckt.

Vielleicht wäre eine solche Revolution sogar legitim. So
sieht das jedenfalls Susan Leigh Anderson, emeritierte Phi-
losophin an der University of Connecticut und anerkannte
Spezialistin für ethische Probleme der Robotik. Bereits der

große Moralphilosoph Immanuel Kant habe implizit das Problem intelligenter Roboter angesprochen. Wenn nun die Maschinen über die Fähigkeit verfügen sollten, die Gesetze der Robotik zu verstehen und zu befolgen, hätten wir dann noch das Recht, sie ihnen aufzuerlegen und sie so zu unseren Sklaven zu machen?

Anderson weist darauf hin, dass wir, nach Kant und im Einklang mit dem allgemeinen gesellschaftlichen Konsens, den Tieren einen gewissen Respekt schulden, ähnlich dem Respekt, den die Menschen füreinander aufzubringen haben, weil die Tiere den Menschen in entscheidenden Punkten ähnlich sind. Dieses Argument, so Anderson, lasse sich ohne Weiteres auf Roboter übertragen: Von dem Moment an, in dem sie in der Lage sind, die Gesetze der Robotik zu begreifen, verfügen sie über so viel Würde, dass man ihnen diese Gesetze nicht mehr aufzwingen darf. So würde jedenfalls Kant argumentieren.

Der Roboterforscher Hans Moravec von der Carnegie Mellon University steht dieser Position ziemlich nahe. Ihm zufolge sind die Roboter unsere Abkömmlinge. Selbst wenn sie uns verdrängen sollten, geschähe dies mit unserer Zustimmung, ähnlich wie ein alter Mann seinen Kindern die Regelung seines Erbes anvertraut.

Auf der einen Seite stehen die Probleme der fernen Zukunft, die uns die Sciencefiction genüsslich ausmalt und über die Philosophen und Naturwissenschaftler im stillen Kämmerlein kluge Theorien entwerfen. Auf der anderen Seite bedrängen uns die sehr gegenwärtigen Fragen, was unsere Roboter (Killer oder andere) wirklich sind und was man mit ihnen anfangen soll. In diesem Spannungsfeld liegt eine lange Liste schwieriger ethischer und philosophischer Probleme, von denen einige sehr dringlich sind. Sie erfordern einen Dialog unter Leuten, die bislang nicht gewohnt sind, miteinander zu reden: Philosophen, Ethiker, Logiker, Militärs und Informatiker.

Quellen

- **Anderson, S. L.:** Asimov's »Three Laws of Robotics« and Machine Metaethics. In: AI & Society 22, S. 477–493, 2008
- **Englert, M. et al.:** Logical Limitations to Machine Ethics with Consequences to Lethal Autonomous Weapons. arxiv.org:1411.2842, 2014
- **Galliott, J.:** Military Robots. Mapping the Moral Landscape. Ashgate, Farnham (Großbritannien) 2015
- **Krishnan, A.:** Killer Robots: Legality and Ethicality of Autonomous Weapons. Ashgate, Farnham (Großbritannien) 2009

Der Mensch im Netz

Nicolas Auray

Die verbreitete Nutzung des Internets hat gesellschaftliche Auswirkungen, die weit über das hinausgehen, was das Medium an neuartigen Möglichkeiten bietet. Sie reichen bis hin zu einem veränderten Menschenbild.

Auf einen Blick

Soziale Beziehungen im Wandel

1. Die neuen Kommunikationstechnologien verändern die Struktur und die Art unserer sozialen Beziehungen sowie unser Verhältnis zu Information und Wissen.
2. An die Stelle kleiner sozialer Gemeinschaften mit starken Verbindungen der Mitglieder untereinander tritt der Netzindividualismus mit einer Vielzahl lockerer Beziehungen.
3. Das Überangebot an Informationen und Verlockungen verführt dazu, reihenweise Informationshäppchen zu konsumieren. Es kann jedoch auch eine neue Art von Aufmerksamkeit hervorbringen und neugiergetriebenes Erkunden fördern.

© Springer-Verlag GmbH Deutschland 2017
C. Könneker (Hrsg.), *Unsere digitale Zukunft*, DOI 10.1007/978-3-662-53836-4_26

Bis vor Kurzem bestand unsere Gesellschaft aus kleinen kollektiven Einheiten wie Familie, Freundeskreis oder Dorf, deren Mitglieder durch enge persönliche Beziehungen mit häufigen gegenseitigen Kontakten verbunden waren. Das Netzzeitalter hat diese geschlossene soziale Welt durch ein weit gespanntes Geflecht aus Bekanntschaften ersetzt, dessen Stärke vor allem in der Vielzahl lockerer, schwacher Beziehungen liegt (Abb. 1).

Schon 1973 lieferte der US-Soziologie Mark Granovetter Belege für den Vorteil solcher schwachen Beziehungen in bestimmten Situationen. So sind bei der Jobsuche oder der Markteinführung eines neuen Produkts für eine neue Zielgruppe jene Strategien am effektivsten, die auf flüchtige Bekanntschaften setzen. In seiner Untersuchung befragte Granovetter mehrere hundert Personen, wie sie ihre erste Arbeitsstelle gefunden haben. Dabei zeigte sich, dass dies meist über eine Person geschehen war, zu der nur ein loser Kontakt bestand. Jemand mit wenigen engen Freunden, aber einem großen Kreis aus oberflächlichen Bekannten hatte die größten Erfolgsaussichten.

Ab den 1970er-Jahren, als der Kapitalismus in den USA eine Renaissance erlebte, entwickelte sich dann eine leicht modifizierte soziale Struktur. Dabei waren die zwischenmenschlichen Beziehungen nach einzelnen Bereichen gegliedert. Entsprechend gab es verschiedene Netzwerke, etwa für Familienangehörige, Arbeitskollegen oder die Mitglieder eines Vereins. Mehreren davon anzugehören vervielfachte die Beziehungen. An die Stelle von engen sozialen Verbänden traten nun schwach verknüpfte Netzwerke solcher Verbände – was manche Soziologen mit dem Begriff Glokalisierung umschreiben, der die Wörter »lokal« und »global« vereint. Mit dem Aufkommen des Internets verstärkte sich der in dieser Struktur schon ansatzweise vorhandene Individualismus. Vor allem vergrößerte sich die Anzahl der schwachen Beziehungen enorm. Einen Eindruck davon, wie extrem sich die Kontakte vermehrt haben, vermitteln beispielsweise die statistischen Untersuchungen, die Nicholas Christakis und Kevin Lewis von der Harvard University in Cambridge (Massachusetts) an einer repräsentativen Stichprobe von studentischen Nutzern des sozialen Netzwerks Facebook vornahmen. Demnach beträgt der Median für die Anzahl der »Freunde« 130. Die Hälfte der untersuchten Studenten unterhält also mindestens 130 Kontakte auf Facebook. Und wer 130 Freunde hat, kommt auf durchschnittlich 13.500 Freunde von Freunden. Auf diese Weise verstärkt das Internet ein Phänomen, das Stanley Milgram (1933–1984) schon in den 1960er-Jahren anhand der Briefzustellung entdeckt und als »Kleine-Welt-Effekt« bezeichnet hatte. Der US-Psychologe wollte wissen, wie viele Zwischenglieder notwendig wären, um jemand Fremdem mit unbekannter Adresse ein Schreiben zukommen zu lassen. Dabei übergibt man es einfach einem Bekannten, der es seinerseits an jemanden aus seinem Bekanntenkreis weiterleitet. Das geschieht so lange, bis der Brief beim Empfänger gelandet ist. Die Antwort war verblüffend: Fünf bis sechs Zwischenglieder genügten, damit die Nachricht, sofern sie nicht verloren ging, ihr Ziel erreichte. Große Popularität erlangte eine Verallgemeinerung dieses Befunds, wonach zwei willkürlich gewählte Menschen über eine Kette von höchstens fünf bis sechs jeweils miteinander bekannten Personen verbunden sind. In den sozialen Netzwerken des Internets ist die mit wenigen Mausklicks überbrückbare Distanz zwischen den Mitgliedern noch geringer. Das hat der Physiker Albert-László Barabási an der Northeastern University in Boston gezeigt. Statt, wie oft befürchtet, auseinanderzudriften, rückt die durch digitale Netze geprägte Gesellschaft also

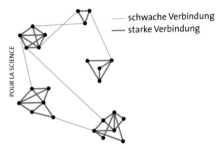
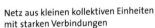

schwache Verbindung
starke Verbindung

POUR LA SCIENCE

Netz aus kleinen kollektiven Einheiten
mit starken Verbindungen

Individualisiertes Netz
mit schwachen Verbindungen

Abb. 1 In den Zeiten des Internets wandelt sich die Sozialstruktur von kleinen Freundeskreisen mit starken Bindungen zwischen den Beteiligten (links) zu einem Netzindividualismus, in dem schwache Beziehungen zu vielen räumlich entfernten Personen dominieren (rechts)

enger zusammen – wofür der kanadische Philosoph Marshall McLuhan (1911–1980) schon 1962 den Begriff »globales Dorf« prägte.

Mangel an menschlicher Wärme

Die für das Internet typischen lockeren Beziehungen kranken allerdings daran, dass ihnen die menschliche Wärme fehlt. Während klassische Philosophen wie Seneca, Cicero oder Montaigne die Freundschaft als private Beziehung beschrieben haben, wird sie etwa auf Facebook in aller Öffentlichkeit präsentiert – sofern der Benutzer die Voreinstellungen beibehält, was die meisten tun. Eine Privatangelegenheit zwischen zwei Menschen wandelt sich so zu einer Art allgemeiner Zurschaustellung.

Des Weiteren hat Danah Boyd von Microsoft Research gezeigt, dass die Auswahl von Freunden im Internet auch einen Nützlichkeitsaspekt beinhaltet. So vernetze ich mich beispielsweise mit jemandem, weil ich bestimmte Fotos, Videos, MP3s oder andere Dateien von ihm herunterladen möchte. Eine Hand wäscht also die andere, was übrigens von jedem akzeptiert wird, der eine Beziehung im Internet eingeht. Das steht im Gegensatz zum Ideal der klassischen Freundschaft, die nur dann als echt gilt, wenn sie uneigennützig ist und keinem Zweck dient.

Im Netz versanden Beziehungen auch schneller als im realen Leben. Werden sie nicht regelmäßig erneuert, verlieren sie bald an Bedeutung und geraten in Vergessenheit. Weil es zum Beispiel wenig Aufwand erfordert, auf der Website einer Tauschbörse eine Nachricht für einen anderen Benutzer zu hinterlassen, sehen beide Seiten die so entstandene Beziehung nur dann als wichtig an, wenn spätestens nach einem Monat ein weiterer Eintrag folgt. Diese Reaktivierung haben Christophe Prieur und Stéphane Raux von der Université Paris Diderot vor fünf Jahren auf der Online-Fotobörse Flickr untersucht. Dabei stellten sie fest, dass 75,6 Prozent der Kommentare jemandem galten, mit dem sich das betreffende Mitglied früher bereits ausgetauscht hatte.

Trotz der fehlenden emotionalen Wärme können sich im Internet allerdings sehr wohl dauerhafte, starke Fernbeziehungen entwickeln. Das Web vermittelt das Empfinden der »vernetzten Präsenz« über große Distanzen hinweg, was ein gewisses Gefühl von Geborgenheit erzeugt. Man kann sich immer bei jemandem melden, ihm einen »hug« (eine Umarmung), einen »poke« (einen freundlichen Knuff) oder per Handy eine kurze SMS senden. Diese Nachrichten haben in erster Linie soziale und keine informative Funktion. Dem kommt angesichts des Verfalls der direkten menschlichen Beziehungen – so ist der Anteil der allein lebenden Personen in Frankreich zwischen 1990 und 2009 in allen Wohnungskategorien um 50 Prozent angestiegen – eine immer größere Bedeutung zu.

Oasen sozialen Trostes

Bei Affen fördert die gegenseitige Fellpflege den Zusammenhalt in der Gruppe und verringert die Wahrscheinlichkeit, dass die Tiere in Konflikt miteinander geraten. Analog verhalten sich gewisse Internetbenutzer, indem sie Belanglosigkeiten oder kleine wohlwollende Bemerkungen austauschen oder auch leichte »Strafen« verhängen. Mit einem Gemisch aus Rügen und Lob tragen sie dazu bei, die gegenseitigen Beziehungen aufrechtzuerhalten und sie persönlicher zu gestalten. Internetseiten sind gewöhnlich großzügig im Austeilen von ermutigenden oder anerkennenden Bemerkungen. Damit erfüllen sie ein tiefes Bedürfnis in einer Gesellschaft, die von einem Abbröckeln der üblichen Formen der Solidarität gekennzeichnet ist. Zum Beispiel sind die öffentlichen Trauerbekundungen, die früher einen Todesfall begleitet haben, heutzutage kaum noch üblich. Gründe dafür sind die Verweltlichung unserer Gesellschaft, das Auseinandergehen der Familie und eine zunehmende Scheu, sein Leid in der Öffentlichkeit zu zeigen. Das Internet bietet hier Ersatz. Die französische Website http://traversernotredeuil.com/ ist ein Beispiel dafür. Sie erfüllt das Trostbedürfnis nach dem Verlust einer geliebten Person, indem sie die Möglichkeit gibt, das Andenken an den Verstorbenen wachzuhalten und die eigenen Gefühle mit denen von Leidensgenossen zu teilen. In dieselbe Kategorie fällt die wachsende Zahl von Internetseiten, auf denen man seine Sorgen und Probleme darstellen und Erfahrungen oder nützliche Tipps austauschen kann. Dort kommunizieren etwa Patienten, die an derselben Krankheit leiden, Mobbingopfer oder Blogger, die der gleichen Art politischer Verfolgung ausgesetzt sind. Solche Seiten kompensieren die Unzulänglichkeit oder den Zerfall von Institutionen, in denen diese Formen des gegenseitigen Zuhörens gepflegt wurden.

Eine große Stärke des Internets ist, es enorm zu erleichtern, Kontakte mit den »Freunden von Freunden« zu knüpfen. Diese Transitivität oder Durchlässigkeit der sozialen Netzwerke lässt sich zahlenmäßig durch einen Indikator erfassen. Er gibt die Wahrscheinlichkeit dafür an, dass zwei Individuen A und B, die beide in freundschaftlicher Beziehung zu einer dritten Person C stehen, auch miteinander befreundet sind. Diverse Studien ergaben übereinstimmend, dass diese Wahrscheinlichkeit im Internet etwa 40-mal so hoch ist wie in einer Offline-Umgebung, welche die gleiche Anzahl an Menschen mit genauso vielen gegenseitigen Beziehungen enthält.

Das Internet lässt die Welt zusammenrücken

Die »kleine Welt« des Internets ist also eng, weil sie Querverbindungen schafft. Die Struktur der zwischenmenschlichen Beziehungen auf Online-Plattformen unterscheidet sich deshalb stark von derjenigen in der realen Welt. Wie alle bisher durchgeführten Untersuchungen belegen, ist der zusammenhängende Teil eines sozialen Netzes – der größte Bereich, in dem sämtliche Mitglieder direkt oder über Zwischenglieder miteinander verbunden sind – drei- bis viermal so groß wie analoge Beziehungsnetze in der realen Welt. Selbst beim Anlegen strenger Maßstäbe, wonach sich beispielsweise zwei Personen mindestens einmal innerhalb von 15 Tagen ausgetauscht haben müssen, damit ihre Beziehung als aktiv gilt, erreicht er rund 85 Prozent der Gesamtgröße des Netzwerks.

Allerdings ist die Anzahl der Internetkontakte pro Person sehr ungleich verteilt. Erstaunlicherweise gilt das nicht nur für die Allgemeinbevölkerung, sondern auch für gesellschaftlich homogene Populationen, privilegierte Gruppen eingeschlossen. Dies erweist eine Studie, die Lada Adamic 2002 durchgeführt hat. Die Mitarbeiterin bei den Hewlett-Packard Laboratories untersuchte ein Netzwerk, das aus Studenten einer großen amerikanischen Universität bestand. Obwohl diese großenteils aus privilegierten Schichten stammten und einen hohen Bildungsabschluss hatten, konzentrierten sich 80 Prozent der »Freundschaften« auf 20 Prozent der Mitglieder.

Eine ähnliche Verteilung existiert in den meisten sozialen Netzwerken. Das geht so weit, dass sich eine statistische Regelmäßigkeit für die Freundschaften im Internet ableiten lässt: ein Potenzgesetz, wonach der Anteil jener Personen, die n oder mehr Freunde haben, in etwa proportional zu n^a abnimmt, wobei a ein negativer fester Exponent ist.

Im Übrigen reguliert sich die Vernetzung durch Gepflogenheiten und stillschweigende Übereinkünfte auch selbst. Wie Antonio Casilli von der École des Hautes Études en Sciences Sociales in Paris zeigte, kann eine zu große Zahl an öffentlich angezeigten Freunden auch negativ ausgelegt werden. Sie weckt den Verdacht, dass der fragliche Benutzer zu unkritisch in seinen sozialen Beziehungen ist und als bloßer Sammler oberflächlicher Kontakte jeden gleich zum Freund erklärt. Tatsächlich werden auf Myspace diejenigen, die Fotos oder aufreizende Kommentare veröffentlichen, um zigtausend Kontakte zu bekommen, unverblümt als »whores«, also Huren, tituliert. Ein Übermaß an Followern auf Twitter – das heißt von Internetbenutzern, die sich alle Mitteilungen der betreffenden Person senden lassen – kann zudem darauf hindeuten, dass man es mit einem Spammer oder einem »bot« zu tun hat, also einem Programm, das einen Menschen nachahmt. Man muss wissen, wie man sein Netzwerk von Freunden aufbaut, damit es die richtige Größe, Zusammensetzung und Dichte hat und in sich gut harmoniert.

Eine aktuelle Debatte mit zentraler Bedeutung für die Entwickler von Anwendungen greift die Frage wieder auf, ob viele schwache Beziehungen wirklich mehr bringen als wenige starke, wie Granovetter vor den Zeiten des Internets herausgefunden hatte. Den Anstoß zu dieser Diskussion gaben die Informatiker Sinan Aral und Marshall van Alstyne von der Boston University (Massachusetts). Dabei gingen sie von einer simplen Überlegung aus: Selbst wenn die viel gerühmten schwachen Kontakte besonders gut dazu taugen, neue Informationen zu liefern, so tun sie dies doch nur selten, weil wir sie per definitionem wenig nutzen.

Um das zu prüfen, untersuchten die beiden Forscher zehn Monate lang die E-Mails von Headhuntern, die in einer Firma zur Vermittlung von Führungskräften arbeiteten. Wie sich zeigte, empfingen diejenigen, die eine begrenzte Anzahl von intensiven Kontakten unterhielten, mehr Namen von geeigneten Kandidaten als diejenigen mit einer großen Anzahl an schwachen Beziehungen. Aral und van Alstyne entwickelten daraufhin ein Modell, wonach starke Beziehungen den lockeren stets dann überlegen sind, wenn es um das Beschaffen von qualifizierten Informationen geht.

Eine notorische Frage, die sich jeder beim Umgang mit dem Internet stellen muss, ist die nach der Verlässlichkeit der dort erhaltenen Informationen. Das Netz bildet zwar eine schier unerschöpfliche Fundgrube von Wissen über Gott und die Welt. Doch die Herkunft der Informationen – und damit ihre Qualität – bleibt oft im Dunkeln.

Aussagen von nahestehenden Personen, denen wir vertrauen, weil wir sie gut kennen, erscheinen uns glaubwürdig. Auch die Massenmedien bieten meist gesicherte oder gar offizielle Informationen. Doch beim Internet verhält es sich anders. Es wimmelt von Klatsch, Mutmaßungen und Gerüchten aus dubiosen Quellen, für die es einen ausgezeichneten Resonanzkörper bildet. Und so überflutet es uns mit einer Fülle von Informationshäppchen fragwürdigen Wahrheitsgehalts.

Ein neuer kognitiver Stil: Die Hyperaufmerksamkeit
Als Reaktion darauf entwickeln laut Katherine Hayles von der Duke University in Durham (North Carolina) manche Menschen eine neue Art von Aufmerksamkeit. Beim Zeitunglesen oder ähnlichen Formen der Informationsaufnahme konzentrieren wir uns voll auf diese Tätigkeit und blenden alles andere aus. Das Internet fördert dagegen eine »Hyperaufmerksamkeit«, wie Hayles es nennt. Sie besteht in einer Bereitschaft und Fähigkeit zum gleichzeitigen Aufnehmen einer Vielzahl von Informationen aus verschiedenen Kanälen. Diese müssen dabei sofort eingeordnet und hierarchisch gegliedert werden. Offen ist bisher allerdings, ob alle Menschen diese Fähigkeit erwerben können. Denen, die sie beherrschen, bietet sie jedenfalls klare Vorteile beim Nutzen der neuen Medien und beim Abwägen der Verlässlichkeit von Inhalten.

Mit seiner Informationsfülle weckt das Internet Neugierde und Entdeckerlust. Um sie schnell und wirksam befriedigen zu können, entwickelt der Nutzer eine Aufmerksamkeitsstruktur, die sich von den Hinweisen und Reizen im Netz leiten lässt. Daraus ergibt sich eine Tendenz, besonders auf Benachrichtigungssysteme wie Pop-ups, Signale und Warnungen zu achten. Als Folge davon wird die bewusste Wahl oft durch spontane, unüberlegte Aktionen ersetzt.

Dieses stetige Reagieren haben heute sogar schon Führungskräfte verinnerlicht. Sie lassen sich in ihrer Tätigkeit bereitwillig durch Unterbrechungen ablenken und beeinflussen, anstatt eine Aufgabe planmäßig zu erledigen. Ganz allgemein führt das Übermaß an Angeboten durch das Internet und die neuen Medien dazu, dass die aktive und kreative Zuhörerschaft einem »seriellen« Publikum weicht, das immer weniger Zeit für eine Sache aufbringt und stattdessen, getrieben von dem Verlangen nach Neuem und der Angst, etwas zu verpassen, reihenweise Informationsbröckchen im Schnelldurchlauf konsumiert. Wenn ständig vielerlei Reize um unsere Aufmerksamkeit buhlen, neigt man dazu, dem penetrantesten nachzugeben und andere Dinge aufzuschieben. Eine Flut von kleinen, dringlichen Aufgaben verschüttet so jede komplexe Tätigkeit, die Zeit und Beharrlichkeit erfordert.

Als Gegenpol zu dieser Tyrannei der reaktiven Aufmerksamkeit bietet das Internet aber durchaus auch die Chance zur interessegetriebenen Erkundung. Eine an Informationen gesättigte Welt voller komplexer Objekte, die Fragen aufwerfen, kann zu einer Kultur des Nachforschens führen, in der die Individuen Lust haben und neugierig darauf sind, den Dingen auf den Grund zu gehen. Anders als die organisierte, geplante Forschung begünstigt die Neugierde Zufallsfunde und -entdeckungen. Sie erklärt auch, warum die Onlinekommunikation die Menschen leichtgläubiger und anfälliger für Täuschungen macht, was ich kürzlich am Beispiel des Vorschussbetrugs (des so genannten Scam) gezeigt habe. Dabei verleiten die Täter ihre Opfer mit dem Versprechen einer großen Geldsumme dazu, vorab Zahlungen zu leisten.

In der Informationsgesellschaft lassen sich also drei Aufmerksamkeitsformen beobachten: konzentriert, reaktiv und neugierig. Die Vorliebe für eine davon ist nicht an die jeweiligen technischen Gegebenheiten geknüpft. Wie Christian Licoppe von Télécom ParisTech gezeigt hat, werden Pop-ups und Meldungen, die plötzlich am Bildschirm erscheinen, für die meisten Nutzer mit der Zeit von lästigen Störungen zu willkommenen Unterbrechungen und bedenkenswerten Vorschlägen, die so leicht und verführerisch daherkommen, dass es als angenehme Abwechslung erscheint, sich kurz damit zu befassen. Es bedeutet einen kleinen Aufschub, was mit einem gewissen Gefühl von innerer Befreiung einhergeht.

Verändertes Menschenbild?

Letztendlich hat sich mit dem Aufkommen des Internets auch unser Menschenbild gewandelt. Über Jahrhunderte hinweg waren es Porträts oder Gemälde, die vornehmen wie einfachen Menschen dazu dienten, ihre Persönlichkeit und ihre gesellschaftliche Stellung zu dokumentieren. Der Glaube an die Aussagekraft der Physiognomie, der im 17. Jahrhundert weit verbreitet war, erlaubte es Malern wie Rembrandt und Velázquez, anhand der allseits bekannten ikonografischen Konventionen moralische Tugenden wie Mut, Großzügigkeit oder Bescheidenheit in den Gesichtszügen und der Körperhaltung der von ihnen Porträtierten zum Ausdruck zu bringen.

Das Internet bietet jedem nun ganz neue Möglichkeiten der Selbstdarstellung und Abgrenzung von anderen. Und so ist es mehr und mehr das Vernetztsein – die Zugehörigkeit zu Internetzirkeln, die Eingeweihten vorbehalten sind, oder zu erlesenen Online-Freundeskreisen, die durch das Adressbuch aufgebaut werden –, das den Wert des Individuums bestimmt. Wahrhaft bedeutend kann sich jener dünken, der es schafft, im Internet geschickt ein Geflecht aus persönlichen Beziehungen zu knüpfen. Die Kunstfertigkeit darin ist im Begriff, den plumpen Besitz von Gütern als Statussymbol auszustechen. Das mag man durchaus als Fortschritt werten.

Quellen

- **Aurey, N.:** Manipulation à distance et fascination curieuse: les pièges liés au spam. In: Réseaux 171, S. 104–131, 2012
- **Barabási, A.-L.:** Linked. The New Science of Networks. Perseus Books Group, New York 2002
- **Casilli, A. A.:** Les liaisons numériques. Seuil, Paris 2010
- **Hayles, K.:** Hyper and Deep Attention. The General Divide in Cognitive Modes. In: Profession 13, S. 187–199, 2007
- **Lewis, K. et al.:** Tastes, Ties, and Time: A New (Cultural, Multiplex, and Longitudinal) Social Network Dataset Using Facebook.com. In: Social Networks 30, S. 330–342, 2008
- **Noris, P.:** The Bridging and Bonding Role of Online Communities. In: Horward, P. N., Jones, S. (Hg.): Society Online – the Internet in Context. Sage, Thousand Oaks 2004, S. 31–41
- **Raux, S., Prieur, C.:** Stabilité globale et diversité locale dans la dynamique des commentaires de Flickr. In: Revue de Technique et Science Informatiques 30, S. 155–180, 2011

Das Google-Gedächtnis

Daniel M. Wegner, Adrian F. Ward

Früher haben wir Freunde und Bekannte gefragt, wenn wir Rat oder Informationen brauchten. Heute suchen wir rasch im Internet und finden Antworten auf so ziemlich alle Lebensfragen. Dieser Kulturwandel wirkt sich auf unser Gedächtnis und Selbstbild aus.

Auf einen Blick

Das ausgelagerte Gedächtnis

1. Früher teilten wir unser Wissen mit Freunden und Bekannten. Heute sehen wir lieber im Internet nach.
2. Das wirkt sich auf unser Gedächtnis aus: Wenn wir wissen, dass wir Fakten im Computer wiederfinden, vergessen wir sie eher.
3. Auch unser Selbstbild verändert sich dank Internet. Wer Suchmaschinen benutzt, glaubt, sich mehr merken zu können – obwohl das Gegenteil der Fall ist.

© Springer-Verlag GmbH Deutschland 2017
C. Könneker (Hrsg.), *Unsere digitale Zukunft*, DOI 10.1007/978-3-662-53836-4_27

In langjährigen Partnerschaften lassen sich Phänomene dieser Art häufig beobachten: *Sie* merkt sich sämtliche Geburtstage im Familien- und Bekanntenkreis; *er* wiederum weiß genau, wann die Garantie des neuen Fernsehers abläuft.

Jeder verlässt sich hin und wieder auf das Gedächtnis von Partner, Freunden oder Familie. Wann immer wir neue Informationen erhalten, prägen wir uns nur bestimmte Fakten ein. Den Rest, so hoffen wir, werden sich schon die anderen merken. Falls wir einmal nicht mehr wissen, wie die neue Nachbarin heißt oder wie man eine Autobatterie wechselt, holen wir uns Rat von jemandem, der sich solche Informationen merkt.

Niemand braucht alles selbst im Kopf zu haben; es reicht zu wissen, wer zu welchem Thema Auskunft geben kann. Übertragen wir die Verantwortung für bestimmte Informationen an andere, sparen wir nicht nur Aufwand, sondern erweitern auch die Gedächtnisleistung der gesamten Gruppe. So bilden alle zusammen einen viel größeren Wissenspool, als es ein Einzelner je könnte.

Dieses »kollektive Gedächtnis« hat sich in einer Welt entwickelt, in der sich die Menschen ausschließlich von Angesicht zu Angesicht austauschten. Mit der Entwicklung des Internets verliert es zunehmend an Bedeutung. Doch offenbar nutzen wir das Netz auf eine ähnliche Weise, wie neuere Forschungsergebnisse nahelegen. Wir laden Erinnerungen in die virtuelle »Cloud« – etwa Urlaubsfotos in unser Facebook-Profil –, anstatt sie in ein papierenes Fotoalbum zu kleben und mit Freunden anzusehen. Wir geben unser Knowhow an Wikipedia weiter und bedienen uns wiederum aus diesem Wissenspool. Fast alles kann man inzwischen über eine Google-Suche herausfinden. Merken wir uns deswegen womöglich auch weniger?

Das haben wir erstmals 2011 mit Kollegen von der New Yorker Columbia University und der University of Wisconsin-Madison untersucht. Versuchspersonen sollten 40 einprägsame Fakten in einen Computer eintippen, etwa: »Das Auge eines Straußes ist größer als sein Gehirn.« Der Hälfte der Teilnehmer sagten wir, dass die Daten gespeichert würden; die anderen mussten annehmen, sie würden wieder gelöscht. Zusätzlich baten wir jeweils eine Hälfte jeder Gruppe, sich die Fakten einzuprägen.

Es zeigte sich: Wer darauf vertraute, dass der Computer die Sätze speicherte, erinnerte sich deutlich schlechter. Die Probanden nutzten den Computer also wie ein externes Gedächtnis: Statt sich die Informationen selbst zu merken, luden sie sie in den virtuellen Speicher ab. Erstaunlicherweise vergaßen die Teilnehmer die Fakten auch, wenn wir sie explizit darum baten, sie sich zu merken.

Erster Gedanke: Google!
In einem weiteren Experiment untersuchten wir, wie schnell Versuchspersonen das Internet zu Rate ziehen, wenn sie über einer Frage grübeln. Dazu nutzten wir ein beliebtes Werkzeug von Psychologen, den so genannten Stroop-Test: Die Teilnehmer sehen sich eine Reihe von Wörtern an, die in unterschiedlichen Farben gedruckt sind. Ihre Aufgabe ist es, möglichst schnell die jeweilige Druckfarbe zu benennen. Die Geschwindigkeit, mit der sie dies korrekt tun, deutet darauf hin, wie sehr das Wort ihre geistigen Kapazitäten beansprucht. Geraten sie ins Stocken, hat der Begriff vermutlich etwas damit zu tun, womit sie sich gerade gedanklich beschäftigen. Hat ein Teilnehmer beispielsweise großen Hunger, wird er die Farbe des Wortes »Brötchen« langsamer benennen als jemand, der gerade gefrühstückt hat.

Im Experiment stellten wir den Teilnehmern vorab Wissensfragen, zum einen sehr einfache und zum anderen schwierige, die ohne Hilfe kaum zu beantworten waren. Eine knifflige Frage lautete etwa: »Enthalten alle Nationalflaggen der Welt mindestens zwei Farben?« Anschließend baten wir die Teilnehmer zum Stroop-Test. Dabei bezogen sich die farbigen Begriffe entweder auf das Internet (zum Beispiel »Google« oder »Yahoo «) oder auf allgemeine Markennamen (wie »Nike« oder »Coca-Cola«).

Hatten die Versuchspersonen zuvor versucht, eine schwierige Frage zu beantworten, benannten sie die Farben der Internet-Wörter deutlich langsamer, als wenn sie zuvor eine einfache Aufgabe gelöst hatten. Bei den Markennamen beobachteten wir diesen Effekt nicht. Offenbar kam den Probanden das Internet in den Sinn, sobald sie mit einer unlösbaren Frage konfrontiert waren. Nach der Logik der Stroop-Tests nahm der Gedanke an Google und Co. so viel geistige Rechenleistung in Anspruch, dass die Teilnehmer von der eigentlichen Aufgabe abgelenkt waren.

Nun müsste noch geklärt werden, ob auch Namen aus dem Freundes- und Bekanntenkreis diesen Stroop-Effekt auslösen. Vielleicht denken wir ja bei schwierigen Fragen zuerst an den belesenen Freund. Gewissermaßen ähneln die Billiarden von Bytes in der digitalen »Cloud« sogar dem Wissensspeicher eines Bekannten: Das Internet teilt uns gewünschte Infos auf Anfrage mit, und manchmal interagiert es mit uns in überraschend menschlicher Weise. Wenn wir wollen, erinnert es uns sogar an Geburtstage – etwa wenn wir Facebook eine Erinnerungsmail schicken lassen. Doch es ist dem ursprünglichen kollektiven Gedächtnis von Freunden und Bekannten in vielerlei Hinsicht überlegen: Anders als der beste Freund ist es immer verfügbar, es weiß fast alles und vergisst nichts.

Fehlte uns früher eine wichtige Information, mussten wir erst einen Bekannten ausfindig machen – in der Hoffnung, er könne weiterhelfen. Die Recherche in Büchern war nicht weniger aufwändig: zur Bibliothek fahren, durch den Karteikartenkatalog wühlen und die Regale nach dem Schmöker absuchen.

Das Internet als Teil des Selbst

Seit Google und Wikipedia ist das anders. Die Geschwindigkeit, mit der heute Suchergebnisse auf dem Bildschirm erscheinen, verwischt die Grenzen zwischen unserem Gedächtnis und dem riesigen digitalen Wissensschatz. Vermutlich kennt jeder die Situation, dass er lieber schnell googelt, als selbst angestrengt nachzudenken.

Kürzlich untersuchten wir an der Harvard University, wie sehr die Menschen das Internet bereits in ihr Selbstbild integrieren. Dazu baten wir Versuchspersonen, ihre Gedächtnisleistungen auf einer Skala einzuschätzen. Stimmte ein Teilnehmer etwa einer Aussage wie »Ich kann mir Dinge gut merken« zu, bescheinigten wir ihm ein hohes Selbstvertrauen in Sachen Erinnerungsvermögen. Dann stellten wir ihnen schwer lösbare Wissensfragen. Ein Teil der Probanden sollte sie allein beantworten, die anderen durften Google zu Hilfe nehmen. Danach beurteilten sie erneut ihre geistigen Fähigkeiten anhand der Skala.

Das Ergebnis war erstaunlich: Wer das Internet bemüht hatte, schätzte sein Gedächtnis als besser ein. Offenbar hatten die Teilnehmer die Illusion, ihr eigenes Gehirn hätte die Antworten hervorgebracht, nicht Google. Um auszuschließen, dass sich die Probanden der Google-Gruppe nur deshalb für klüger hielten, weil sie mehr Fragen beantworten konnten, führten wir ein weiteres Experiment durch: Den Teilnehmern, die keine Suchmaschine zu Hilfe nehmen durften, gaukelten wir vor, fast alle ihrer Antworten seien korrekt gewesen. Doch selbst wenn alle Probanden glaubten, sie hätten die Aufgaben gleich gut gelöst, hielten die Internetnutzer ihr Gedächtnis für besser.

Diese Ergebnisse zeigen: Das gesteigerte Selbstvertrauen rührte nicht allein von dem positiven Feedback her, das die Probanden durch die richtigen Antworten erhielten. Deutlich entscheidender war das Gefühl, das Internet sei Teil ihres eigenen kognitiven Werkzeugkastens geworden.

Im aufkommenden Informationszeitalter hat sich offenbar eine Generation von Menschen entwickelt, die das Gefühl hat, mehr zu wissen als je eine Generation zuvor. Und das, obwohl das Internet den persönlichen Wissensvorrat eher schmälert. Wie sehr wir auf das gigantische digitale Gedächtnis angewiesen sind, merken wir jedes Mal, wenn der Akku des Smartphones leer ist.

Quelle

- **Sparrow, B. et al:** Google Effects on Memory: Cognitive Consequences of Having Information at Our Fingertips. In: Science 333. S. 776–778, 2011

Verkörperung in Avataren und Robotern

Thomas Metzinger

Versuche zeigen: Unser Ichbewusstsein ist nicht zwangsläufig an unseren Körper gebunden – es lässt sich in äußere Avatare übertragen, so dass wir uns in diesen verorten.

Auf einen Blick

Das fremde Ich

1. Seit dem berühmten Gummihand-Experiment vor 17 Jahren wissen wir: Es ist möglich, einen Menschen so zu manipulieren, dass er fremde Gegenstände als seinem Körper zugehörig wahrnimmt. Während eines solchen Versuchs ändert sich der Inhalt des »phänomenalen Selbstmodells« der Teilnehmer.

2. Die Europäische Union hat Forschungsvorhaben gefördert mit dem Ziel, unser Ichgefühl dauerhaft an Avatare oder Roboter zu binden. Das könnte etwa bei der Steuerung von Maschinen oder in der medizinischen Prothetik von Vorteil sein.

© Springer-Verlag GmbH Deutschland 2017
C. Könneker (Hrsg.), *Unsere digitale Zukunft*, DOI 10.1007/978-3-662-53836-4_28

3. Die Verknüpfung des Ichgefühls mit Robotern kann jedoch zu ethischen und rechtlichen Problemen führen, etwa wenn der Akteur dadurch an Impulskontrolle einbüßt. Solche Risiken gilt es vor einem möglichen Einsatz zu durchdenken.

Die interdisziplinär arbeitende Philosophie des Geistes hat sich im vergangenen Vierteljahrhundert sehr engagiert dem Problem des Bewusstseins zugewandt. Denn es gilt, zahlreiche Fragen zu beantworten, die unser elementares Selbstverständnis berühren. Was genau ist subjektives Erleben? Wie konnte es in einem physikalischen Universum entstehen? Und auf welche Weise brachte die Evolution biologischer Nervensysteme nicht nur intelligentes Verhalten hervor, sondern auch das Phänomen des Erlebens – die an eine subjektive Innenperspektive gebundene, bewusste Repräsentation der Außenwelt?

Manche dieser Fragen sind eher begrifflicher Natur, andere lassen sich empirisch mit wissenschaftlichen Experimenten angehen. Typischerweise interessieren sich Forscher für die globale Integration des Bewusstseinsraums im Gehirn (eng verwandt mit dem klassischen philosophischen Problem der »Einheit des Bewusstseins«) und für die Existenz kleinster Einheiten des subjektiven Erlebens. Zu nennen sind hier vor allem Empfindungsqualitäten des sensorischen Bewusstseins wie »Süße«, »Röte« oder »Schmerzhaftigkeit«; der philosophische Fachausdruck für solche elementaren subjektiven Erlebnisinhalte lautet »Qualia«.

Die größte theoretische Herausforderung ist und bleibt aber das Problem Subjektivität: Wie genau entsteht in einem informationsverarbeitenden System eine subjektive Innenperspektive? Wie vollzieht sich der Schritt vom Bewusstsein zum

Selbstbewusstsein? Auf welche Weise hat sich das Ichgefühl in der Evolution entwickelt und über welche Mechanismen ist es in unserem biologischen Körper verankert? Damit verknüpft ist die Frage, ob auch künstliche Systeme ein Ichgefühl und eine echte Innenperspektive besitzen können. Hier hat es in den zurückliegenden Jahren einen fruchtbaren Austausch zwischen Philosophie und Naturwissenschaft gegeben, der zu einer Serie neuer Experimente führte – aber auch zu den Anfängen einer neuen Technologie, nämlich jener der virtuellen Verkörperung.

Vor nunmehr 17 Jahren präsentierten die amerikanischen Psychiater Matthew Botvinick und Jonathan Cohen in der Fachzeitschrift *Nature* die so genannte Gummihand-Illusion. Bei diesem Experiment – das mittlerweile in zahlreichen Labors und diversen Variationen wiederholt worden ist – betrachtet ein gesunder Versuchsteilnehmer das Imitat einer menschlichen Hand, während seine eigene Hand verdeckt ist. Dann werden sowohl die sichtbare künstliche als auch die unsichtbare echte Hand gleichzeitig und wiederholt gestreichelt. Dies führt schon nach kurzer Zeit dazu, dass der Proband die Gummihand als Teil seines körperlichen Selbst erlebt und es direkt in ihr zu spüren meint, wenn man sie – für ihn sichtbar – berührt.

Das »Selbst« als innere Hypothese

Was sich während dieses Versuchs ändert, ist der Inhalt des »phänomenalen Selbstmodells« im Gehirn des Teilnehmers. Das phänomenale Selbstmodell (kurz: PSM) ist die innere Repräsentation, die der Organismus auf der Ebene des bewussten Erlebens von sich selbst als einer Ganzheit besitzt, einschließlich seiner psychologischen und sozialen Eigenschaften. Es ist jener bewusste Erlebnisgehalt, von dem wir sagen: »Das bin ich!«

Laut meiner Theorie identifizieren wir uns deshalb mit dem Inhalt unseres aktuellen Selbstmodells, weil wir diesen nicht als Konstruktion, als Ergebnis eines Repräsentationsvorgangs wahrnehmen. Er ist einfach die beste Hypothese, die das System über seinen eigenen Zustand hat, und wird als die aktuelle Realität präsentiert. Wenn etwas von außen in das bewusste Selbstmodell eingebettet wird, erleben wir es als Teil von uns – als eigene Gliedmaße, eigene Empfindung, eigenes Gefühl oder eigenen Gedanken. Das Gummihand-Experiment belegt die Richtigkeit dieser Theorie. Der Versuch demonstriert aber auch, wie kontextabhängig und anpassungsfähig das Selbstmodell des Menschen ist. Aus philosophischer Perspektive drängte sich mir sofort die Frage auf: Könnte es nicht ebenso eine Ganzkörpervariante der Gummihand-Illusion geben? Kann das menschliche Gehirn auch das Bild eines ganzen Körpers in sein Selbstmodell einbetten? Würden wir uns dann subjektiv mit ihm identifizieren?

Im Jahr 2005 begannen die Neurologen Bigna Lenggenhager, Tej Tadi und Olaf Blanke an der Ecole Polytechnique Fédérale de Lausanne (Schweiz) dieser Frage systematisch nachzugehen und dabei neueste Techniken der virtuellen Realität einzusetzen. 2007 veröffentlichten wir einen gemeinsamen Aufsatz in der Fachzeitschrift *Science* über die Ergebnisse dieser Arbeiten. Der gefundene Effekt war statistisch signifikant, aber deutlich schwächer ausgeprägt als bei der Gummihand-Illusion: Viele Versuchspersonen fühlten sich stark zum virtuellen Abbild ihres eigenen Körpers hingezogen und empfanden ein intensives Gefühl der Unwirklichkeit, wobei aber nur wenige tatsächlich in das künstliche Körperbild »hineinschlüpften«, sich also voll mit dem Avatar identifizierten.

Der Befund ist nicht überraschend, denn die Versuchsteilnehmer sahen nicht durch die Augen des Avatars, so wie man etwa im Traum die Perspektive des Charakters annimmt, in den man sich verwandelt. Die Außenansicht des anderen Körpers blieb in dem Experiment erhalten. Trotzdem belegte der Versuch die Existenz einer sehr einfachen und fundamentalen Form des Ichgefühls, die nichts mit Sprache, Denken oder Handlungskontrolle zu tun hat, aber experimentell manipuliert werden kann. Es gibt also eine minimale Form des Selbstbewusstseins, die allein dadurch entsteht, dass ein System sich in einem raumzeitlichen Bezugsrahmen lokalisiert – dass es also ein spezifisches Hier und Jetzt definiert und sich selbst in ihm verortet.

Meiner Theorie zufolge ist das Selbstmodell des Menschen funktional in seiner »interozeptiven Schicht« verankert, sprich im Bauchgefühl und der andauernden inneren Wahrnehmung des eigenen Körperzustands – etwa über den Hirnstamm, den Hypothalamus und die vordere Inselrinde im Großhirn. Ich meine, dass genau diese Tatsache eines der größten Hindernisse darstellt, wenn man erlebnismäßig den biologischen Körper verlassen und zu einer vollständigen und dauerhaften Identifikation mit einem Avatar oder Roboter gelangen will. Es gibt beim Embodiment (der Einbettung des Bewusstseins in einen Körper) nämlich verschiedene Ebenen oder funktionale Schichten, durch die der menschliche Geist in der Welt verankert ist. Nicht alle davon lassen sich gleich gut an eine virtuelle Realität koppeln. Diesem Aspekt trugen die Experimente nur unzureichend Rechnung, und deshalb war auch die subjektiv erlebte Gleichsetzung mit dem virtuellen Körper eher schwach ausgeprägt.

Jane Aspell und Lukas Heydrich haben vor kurzem ein neues Experiment konzipiert, das einen systematischen Konflikt zwischen der äußeren und inneren Wahrnehmung des eigenen Körpers herbeiführt. Für die subjektive Innenwahrnehmung und das Körpergefühl spielen nicht nur Empfindungen aus Blutgefäßen und Eingeweiden, sondern auch Temperatur- oder Schmerzeindrücke, der Gleichgewichtssinn und die Präsentation des eigenen Atems und Herzschlags im Selbstmodell eine große Rolle. In Aspells und Heydrichs Experiment betrachteten die Teilnehmer eine Echtzeit-Videoaufnahme von sich selbst, umgeben von einer farbigen Silhouette, die synchron mit ihrem Herzschlag rhythmisch erleuchtet wurde. Körperinnere Vorgänge wurden also gewissermaßen nach außen gekehrt und als äußere Eigenschaften eines virtuellen Avatars sichtbar gemacht. Interessanterweise führte dies dazu, dass die Probanden sich stärker mit dem Avatar identifizierten und näher an diesem verorteten, ihre Selbstlokalisation also in dessen Richtung verschoben. Diese illusionäre räumliche Verschiebung trat auch bei taktilen Reizen auf: Berührungen ihres Rückens projizierten die Teilnehmer auf den des Avatars. Das körperliche Selbstbewusstsein entsteht demzufolge, indem das Gehirn den Informationsgehalt innerer und äußerer Signale miteinander verschmilzt und so eine ganzheitliche Repräsentation erzeugt, die sowohl das innere Körpergefühl als auch die Außenwahrnehmung im Raum beinhaltet.

Wieder-Verkörperung in einem Roboter

Der Theorie nach muss es prinzipiell möglich sein, das menschliche Selbstmodell ein Stück weit vom biologischen Körper zu lösen und enger an künstliche Handlungs- und Sinnesorgane zu koppeln. Dadurch könnten wir auf funktional ganz neue Weise mit einer technologisch erzeugten Umwelt interagieren. Die Europäische Union hat das Projekt VERE gefördert, eine Kooperation von Wissenschaftlern und Philosophen aus neun Ländern. Eines der Forschungsziele dieses ehrgeizigen Vorhabens lautet, unser Ichgefühl dauerhaft an

Avatare oder Roboter zu binden, die sich bewegen, für uns wahrnehmen und auch mit anderen Menschen, Avataren oder Robotern in Wechselwirkung treten können. VERE ist die Abkürzung für Virtual Embodiment and Robotic Re-Embodiment, also Virtuelle Verkörperung und Wieder-Verkörperung in Robotern (www.vereproject.eu).

Wie unsere israelischen Kollegen Ori Cohen und Doron Friedman gemeinsam mit französischen Forschern in einer ehrgeizigen Pilotstudie demonstriert haben, ist es mit funktionaler Echtzeit-Magnetresonanztomografie möglich, die absichtlichen Bewegungsvorstellungen einer Versuchsperson auszulesen. Man kann diese dann als Motorbefehle an einen humanoiden Roboter übertragen, der sie in physische Handlungen umsetzt, während die Versuchsperson durch seine Augen hindurch das Geschehen miterlebt. Im Experiment gelang es Probanden bereits, aus einem Kernspinresonanztomografen in Israel heraus mit Hilfe bildhafter Bewegungsvorstellungen, also »direkt mit dem Geist«, einen humanoiden Roboter in Frankreich zu kontrollieren. Dieses Experiment zeigt zudem, dass im Grunde jede Handlung eine geistige Handlung ist, weil das virtuelle Selbstmodell in unserem Gehirn eine wesentliche Rolle bei ihrer Entstehung spielt. Virtuelle Realität und Neurotechnologie können also neue Bewusstseinsformen erzeugen, indem sie sehr direkt in die tieferen funktionalen Schichten des menschlichen Selbstmodells eingreifen. Auf die anthropologischen und ethischen Konsequenzen dieser Entwicklung komme ich weiter unten zu sprechen.

Eine neuer Begriff: »PSM-Handlungen«

Ein psychisch gesunder Mensch kann auf zwei verschiedene Weisen zielgerichtet handeln: mit dem Körper (etwa durch Gebrauch der Extremitäten) und mit dem, was wir als Geist bezeichnen. Geistige Formen des Handelns sind beispielsweise das kontrollierte logische Denken, das Kopfrechnen oder die willentliche Kontrolle der eigenen Aufmerksamkeit. Menschen sind jedoch auch in der Lage, körperliche Handlungen noch einmal mental zu simulieren, etwa indem sie sich Körperbewegungen bewusst vorstellen und dabei auf kontrollierte Weise ihr Körpermodell verändern (»motor imagery«). Weil dies sozusagen offline erfolgt (also ohne eine tatsächliche physische Bewegung), können Menschen auch mit ihrem Selbstmodell handeln, ohne körperlich aktiv zu werden. Laut Theorie muss es somit prinzipiell möglich sein, das bewusste Selbstmodell über eine Gehirn-Computer-Schnittstelle (Brain-Computer-Interface, BCI) unmittelbar mit externen Systemen zu verbinden – etwa mit Computern, Robotern oder künstlichen Körperbildern im Internet oder in virtuellen Realitäten. Solche Selbstmodell-Schnittstellen wären quasi ein direkter Draht zur Maschine oder zum Avatar, der sich ohne Aktivierung des peripheren Nervensystems und ohne körperliche Betätigung benutzen ließe.

Das eröffnet neue Möglichkeiten, in der Welt zu agieren. Gelähmte beispielsweise könnten »mit Gedankenkraft« Roboterarme steuern oder Malprogramme bedienen. Gesunde Probanden haben in Experimenten bereits direkt aus ihrem Gehirn heraus Twitternachrichten versandt oder Worte buchstabiert. Dazu wird entweder die elektrische Aktivität des Gehirns aufgezeichnet (etwa mittels EEG oder implantierter Elektroden) oder es wird der Blutfluss im Gehirn auf bestimmte Eigenschaften hin untersucht (zum Beispiel durch funktionelle Magnetresonanztomografie oder Nahinfrarotspektroskopie). Die dabei gewonnenen Aktivitätsmuster lassen die Forscher vom Computer analysieren und in die passenden Steuersignale umwandeln. Diese technische Entwicklung ist aus mehreren Gründen philosophisch interessant, denn sie erlaubt einerseits, weitgehend »am biologischen Körper vorbei« zu handeln, und andererseits, Theorien über die Entstehung des Ichgefühls genauer zu testen als je zuvor.

Ich habe die ethischen Implikationen dieser Entwicklung untersucht und den Begriff einer »PSM-Aktion« eingeführt, einer Handlung, bei der ein menschlicher Akteur Teile seines Selbstmodells zu Offline-Simulationen benutzt, die dann unter Umgehung des lokalen Embodiments zu Konsequenzen außerhalb des eigenen Körpers führen. Es kann in solchen Situationen aus verschiedenen Gründen dazu kommen, dass der Akteur nur noch mit eingeschränkter Autonomie zu handeln vermag, indem er etwa Impulskontrolle und Abbruchmöglichkeiten einbüßt – und damit auch ethische Verantwortlichkeit teilweise abgibt. Das könnte zum Beispiel der Fall sein, wenn die Geschwindigkeit der Datenübertragung zu niedrig ist oder es lediglich zu einem »funktional flachen« Embodiment kommt, also einer unvollständigen oder instabilen Einbindung des Roboters oder Avatars in das neuronal realisierte Selbstmodell.

Mangelhafte Impulskontrolle

Was wäre, wenn wenn eine Maschine oder virtuelle Figur, mit der Sie sich vorübergehend über Ihr Selbstmodell identifizieren, plötzlich auf einen inneren Impuls von Ihnen hin etwas tut, das Sie rational gar nicht wollen? Stellen Sie sich vor, Sie liegen auf dem Rücken in einem Hirnscanner und kontrollieren aus der Ferne einen Roboter, wobei Sie durch seine Augen sehen und die motorischen Rückmeldungen aus den künstlichen Armen und Beinen spüren. Die Technik funktioniert so tadellos, dass Sie sich völlig mit dem künstlichen Agenten identifizieren. Plötzlich tritt der neue Ehemann

Ihrer geschiedenen Frau vor die Maschine. Spontan entsteht ein aggressiver Impuls in Ihnen, verbunden mit einer kurzen Gewaltfantasie. Sie versuchen sich zu beruhigen – doch bevor Sie die Bewegungsvorstellung unterdrücken können, die zusammen mit dem Fantasiebild aufblitzt, hat der Roboter den Mann bereits mit einem Schlag getötet. Wie lässt sich in so einem Fall entscheiden, ob Sie dazu fähig waren, den aggressiven Impuls rechtzeitig unter Kontrolle zu bringen? Sind Sie ethisch verantwortlich für die Handlungen des Roboters?

Unter Umständen nicht – wenn nämlich Ihre Verkörperung im Roboter oder Avatar »flach« ist und Ihnen nicht dasselbe Ausmaß an Autonomie und Handlungssteuerung ermöglicht wie Ihr biologischer Körper. Vielleicht ist die Impulskontrolle schwächer oder ungenauer, vielleicht fehlt dem System das, was ich an anderer Stelle Veto-Autonomie genannt habe: Die Fähigkeit, eine geplante, gewollte oder sogar bereits begonnene körperliche Handlung innerhalb eines gewissen Zeitfensters noch abzubrechen. Falls solche Situationen entstehen, könnten Begriffe wie »Verantwortlichkeit« und »Zurechenbarkeit« im Hinblick auf Ihr Handeln zum Teil ihre traditionelle Bedeutung verlieren. Deshalb wäre es bei Wieder-Verkörperungs-Experimenten mit Robotern sehr wichtig, vorher mögliche Risiken zu erkennen und rechtzeitig Vorsichtsmaßnahmen zu treffen.

Die direkte Kopplung des menschlichen PSM an künstliche Umwelten ist ein neuer Technologietyp: Neurotechnologie wird zu Bewusstseinstechnologie. Gegenwärtig gibt es hier noch viele technische Probleme. Es ist jedoch nicht ausgeschlossen, dass die technologische Entwicklung durch unerwartete Synergien zwischen Bewusstseinstheorie, Hirnforschung, virtueller Realität und Neurotechnik schneller verläuft als gedacht. Was tun wir, wenn Systeme zur virtuellen oder robotischen Wieder-Verkörperung einmal wirklich flüssig, in Echtzeit und mit vielen Freiheitsgraden funktionieren? Welche neuen Bewusstseinszustände würden möglich, wenn man rechnergestützt und durch direkte Hirnstimulation auch die Rückmeldung der Wieder-Verkörperung (Feedback) am biologischen Körper vorbei direkt ins Selbstmodell des Benutzers lenken könnte? Welche neuen Formen von Intersubjektivität und sozialer Kooperation entstünden, wenn plötzlich mehrere Personen und ihre Selbstmodelle gleichzeitig über Gehirn-Computer-Schnittstellen miteinander verbunden, vielleicht sogar verschmolzen würden?

Die Technologie der virtuellen Verkörperung wird neue Fragen in der angewandten Ethik der Neuro-und Informationstechnologie aufwerfen. Schon jetzt ist abzusehen, dass die Weiterentwicklung und Einführung dieser Technologie in den Alltag, so sie tatsächlich stattfindet, wahrscheinlich weitreichende und tiefgreifende kulturelle Konsequenzen haben wird. Allerdings lassen diese sich kaum präzise vorhersagen. Daher ist es sehr schwierig, Maßnahmen zur vernünftigen Risikominimierung zu entwickeln, die psychosozialen Folgekosten empirisch begründet abzuschätzen sowie die Kosten und den Nutzen der zu erwartenden Gesamtentwicklung umfassend zu analysieren.

Das zeigt sich besonders bei der Anthropologiefolgenabschätzung: Welche Folgen wird das Einführen der virtuellen Verkörperung für unser Menschenbild haben? Nehmen wir einmal an, es setze sich auf Grund der Erfahrungen mit den »neuen Bewusstseinstechnologien« die Meinung durch, dass es so etwas wie ein Selbst oder eine Seele im traditionellen Sinn niemals gegeben hat – und dass somit auch die Hoffnung auf ein Leben nach dem Tod illusorisch ist. Wird dies vielleicht nicht nur die Entwicklung eines kritisch reflektierten, evolutionären Humanismus begünstigen, sondern in manchen Bevölkerungsteilen zur Verbreitung eines »vulgärmaterialistischen« Menschenbilds führen, mit allen Folgen für den zwischenmenschlichen oder auch den politischen Umgang, den wir miteinander pflegen? Oder wird es, ganz im Gegenteil, weltanschauliche Gegenbewegungen geben, möglicherweise das Erstarken eines antinaturalistischen, religiösen Fundamentalismus – oder vielleicht neue Formen des organisierten Leugnens der Sterblichkeit, wie wir sie heute schon in Teilen des Transhumanismus und der Singularitätsbewegung sehen?

Das offensichtlichste ethische Problem der virtuellen/robotischen Wieder-Verkörperung ist ihre militärische Umsetzung. Sie ermöglicht »virtuelle Selbstmordattentate«: Der Teleoperateur kann sich per PSM-Handlung direkt in eine Drohne oder ein anderes Waffensystem einbetten und es dadurch viel genauer und intelligenter an ein Ziel heranführen. Das US-Militär richtet bereits seit geraumer Zeit zahlreiche Menschen in souveränen Staaten mit Drohnen hin, etwa im Jemen, Somalia, Pakistan oder Irak – und das ohne Anklage, ohne Gerichtsverfahren und ohne rechtskräftiges Urteil. Diese so genannten außergerichtlichen Tötungen (»extrajudicial killings«), die häufig mit deutscher Unterstützung geschehen, verletzen sowohl nationales Recht als auch Menschenrechte sowie humanitäre Gesetze. Und sie sind wahrscheinlich auch völkerrechtswidrig, da todbringende Gewalt außerhalb von Zonen bewaffneter Konflikte nur als Ultima Ratio, als letztes Mittel, zur Abwendung unmittelbar bevorstehender Bedrohungen angewandt werden darf. Dies ist bei den amerikanischen Drohnenangriffen eindeutig nicht der Fall. Warum sollten die USA ausgerechnet beim künftigen militärischen Einsatz von Wieder-Verkörperungstechniken auf ethische oder juristische Gesichtspunkte Rücksicht nehmen?

Ein zweites ethisches Problem betrifft die Einschätzung psychologischer Risiken. Erste Studien zeigen eine Vielzahl positiver psychologischer Effekte und möglicher Anwendungen in der Psychotherapie. Der »Proteus-Effekt« beispielsweise führt dazu, dass Versuchspersonen, die sich mit einem attraktiven Avatar identifizieren, anderen Personen gegenüber vertrauensvoller und offener auftreten. Die erlebnismäßige Verschmelzung mit einem Superhelden führt zu einer messbaren Intensivierung altruistischen Verhaltens, die Verkörperung in einem »zukünftigen Selbst« zu besserer Planung und Sparsamkeit. Es ist auch möglich, etwa den Rassismus weißer Versuchspersonen dadurch zu mildern, dass man sie vorübergehend in dem virtuellen Körper eines dunkelhäutigen Menschen handeln lässt. Andere Studien haben viel versprechende Effekte beim Rehabilitieren von Straftätern offengelegt, die vermuten lassen, dass es künftig zahlreiche weitere Anwendungen in der Psychotherapie geben wird, zum Beispiel beim Behandeln von Angststörungen.

Außenbild bestimmt innere Einstellungen
Andererseits führt die Wieder-Verkörperung in einem Avatar, der größer ist als man selbst, zu messbar aggressiverem Verhalten – etwa in Verhandlungssituationen. Der »Luzifer-Effekt«, bekannt aus dem klassischen Stanford-Prison-Experiment und dem Milgram-Experiment, könnte bewirken, dass Personen, die eine virtuelle Wieder-Verkörperung hinter sich haben, danach unethischer handeln. Dann nämlich, wenn sie in der vorherigen virtuellen Realität bestimmten Konformitätsdrücken, Gruppenzwängen oder wiederholten autoritären Anweisungen ausgesetzt waren, die ihren »eigentlichen« ethischen Überzeugungen und Werten widersprachen.

Denkbar sind auch dauerhafte Veränderungen im Körpererleben. Bei einer Depersonalisation (eines Verlusts des natürlichen Persönlichkeitsgefühls) wird der eigene Körper nur noch wie durch einen Schleier wahrgenommen. Ebenso möglich erscheint der »Truman-Show-Effekt«, bei dem auch die Außenwelt als verändert oder weniger wirklich wahrgenommen wird (Derealisation). Besonders attraktive Formen der virtuellen Verkörperung wiederum könnten zu psychologischer Abhängigkeit und Suchtverhalten führen.

Ein weiteres Beispiel für psychologische Risiken, die medizinethische Bedenken aufwerfen: Wenn vollständig gelähmte Patienten im Rahmen einer experimentellen Therapie versuchen, Avatare mit Hilfe einer Computer-Gehirn-Schnittstelle zu kontrollieren, dann machen sie sich möglicherweise ungerechtfertigte Hoffnungen darauf, ihre Behinderung gewissermaßen hinter sich lassen zu können. Und zwar selbst dann, wenn sie vom Versuchsleiter vorher ausdrücklich darauf hingewiesen werden, dass die zu erwartenden Erfolgsaussichten eher gering sind. Dies kann eine weitere psychische Traumatisierung zur Folge haben.

Ein noch offeneres Buch als vorher schon
Die Technologie der virtuellen Verkörperung wird auch dazu führen, dass Emotionen und unbewusste Handlungsabsichten von Nutzern in einem viel größeren Ausmaß öffentlich werden als zuvor. Das Übertragen von Körper- und Blickbewegungen oder die Simulation emotionaler Gesichtsausdrücke mit Hilfe eines Avatars gewähren zuvor unbekannte Einsichten in die Persönlichkeit des Anwenders. Sie erlauben es prinzipiell, sein emotionales Selbstmodell an das virtuelle Gegenüber zu koppeln und durch geeignete Rückmeldungen zu manipulieren. Zudem gestatten sie natürlich, das Verhalten von Konsumenten

noch genauer auszuspähen und zu analysieren, als es bisher bereits der Fall war. Die Auswertung komplexer Bewegungsmuster erzeugt für jeden Anwender so etwas wie einen »motorischen Fingerabdruck«. Datenschutz und Persönlichkeitsrechte bekommen vor diesem Hintergrund eine völlig neue Bedeutung.

Die Frage ist weiterhin, ob die moralische Persönlichkeit des Nutzers – etwa eines Soldaten – durch die virtuelle Verkörperung bleibenden Schaden nehmen kann. Wie verändert sich die Mensch-Maschine-Beziehung, wenn schon Kinder in frühen Phasen ihrer psychologischen Entwicklung mit solchen Technologien in Berührung kommen? Welche Verschiebungen im subjektiven Erleben von Willensfreiheit, Handlungskontrolle und Autonomie kann man erwarten, wenn unsere Lebenswelt von Einwirkungen aus der virtuellen Realität geprägt wird, und welche gesellschaftlichen Folgen könnten sich hieraus ergeben?

Betroffen sind selbst so profane Dinge wie das Haftungsrecht oder die medizinische Grundversorgung. Wer ist im Streitfall für Schäden verantwortlich, die Roboter angerichtet haben – der Operateur, der Hersteller, der Softwareingenieur oder der jeweilige Besitzer der Maschine? Sind EEGs, Gehirn-Computer-Schnittstellen und virtuelle Ersatzkörper medizinische Geräte, deren Benutzung durch eine Krankenversicherung abgedeckt werden sollte? Wie viel Autonomie möchten wir künstlichen Systemen zugestehen, und inwieweit dürfen sich extrem schnell agierende virtuelle oder robotische Systeme – etwa bei militärischen Anwendungen – der direkten demokratischen Kontrolle entziehen? Was genau ist in diesem Zusammenhang überhaupt eine Rechtsperson, und wie kann ich als Anwender die Identität einer Person feststellen, die mir in der virtuellen Realität in einem bestimmten Avatar verkörpert gegenübertritt?

Wenn man nicht nur Filmschauspieler, sondern auch verstorbene Familienangehörige oder Verbrechensopfer aus hinterlassenem Datenmaterial dreidimensional und fotorealistisch »wiederauferstehen« lassen, dynamisch animieren oder sogar für die virtuelle Verkörperung zur Verfügung stellen könnte – würde der Nutzen, den eine solche Technologie bei der Trauertherapie oder der Rehabilitation von Straftätern haben könnte, den möglichen gesellschaftlichen Schaden übersteigen? Sollen in der virtuellen Welt überhaupt dieselben ethischen Regeln gelten wie im »wirklichen Leben«, und wie gehen wir in einer globalisierten Welt mit kulturellen Unterschieden und voneinander abweichenden moralischen Intuitionen um?

Die wissenschaftlich-technologische Entwicklung in diesem Bereich muss nicht nur seitens der theoretischen Philosophie beobachtet werden, die uns eine stimmige begriffliche Interpretation neuer Erkenntnisse über die Struktur des menschlichen Geistes und seines bewussten Selbstmodells zu liefern versucht. Gefordert ist auch die praktische Philosophie. Sie muss den Prozess aus kritisch-ethischer Perspektive begleiten. Dabei darf sie sich nicht davor scheuen, die möglichen gesellschaftlichen und kulturellen Konsequenzen unseres Erkenntnisfortschritts so früh wie möglich in den Blick zu nehmen.

Quellen

- **Blanke, O., Metzinger, T.:** Full-Body Illusions and Minimal Phenomenal Selfhood. In: Trends in Cognitive Sciences 13, S. 7–13, 2009
- **Lenggenhager, B. et al.:** Video Ergo Sum: Manipulating Bodily Self-Consciousness. In: Science 317, S. 1096–1099, 2007

- **Metzinger, T.:** Grundkurs Philosophie des Geistes 1: Phänomenales Bewusstsein. Mentis, Paderborn 2006
- **Metzinger, T.:** Two Principles for Robot Ethics. In: Hilgendorf, E., Günther, J.-P. (Hg.): Robotik und Gesetzgebung. Nomos, Baden-Baden 2013
- **Metzinger, T.:** First-Order Embodiment, Second-Order Embodiment, Third-Order Embodiment: From Spatiotemporal Self-Location to Minimal Phenomenal Selfhood. In: Shapiro, L. (Hg.): The Routledge Handbook of Embodied Cognition. Routledge, London 2014, S. 272–286

Literaturtipp

- **Metzinger, T.:** Der Ego Tunnel. Eine neue Philosophie des Selbst: Von der Hirnforschung zur Bewusstseinsethik. Piper, München 2014 –
  Über Neuro- und Bewusstseinsethik und die Existenz unseres »Selbst«

Weblink

- www.open-mind.net
  Frei zugängliche Sammlung von Fachartikeln; dokumentiert den aktuellen Forschungsstand auf den Gebieten Geist, Gehirn, Bewusstsein und Selbstbewusstsein (englisch)

Autorenverzeichnis

Nicolas Auray
ist Dozent für Soziologie an der École nationale supérieure des télécommunications de Bretagne und Mitarbeiter des Labors für Informationskommunikation und -verarbeitung.

Tarek R. Besold
ist wissenschaftlicher Mitarbeiter am KRDB Research Centre for Knowledge and Data der Fakultät für Informatik an der Freien Universität Bozen.

Manfred Broy
ist Professor für Informatik an der Technischen Universität München. Er forscht auf dem Gebiet der Modellierung und Entwicklung komplexer softwareintensiver Systeme.

Jean-Paul Delahaye
ist emeritierter Professor am Institut für Grundlagen der Informatik der Université de Lille.

Daniel C. Dennett
ist Professor für Philosophie und Direktor des Center for Cognitive

© Springer-Verlag GmbH Deutschland 2017
C. Könneker (Hrsg.), *Unsere digitale Zukunft*, DOI 10.1007/978-3-662-53836-4

Studies an der Tufts University in Medford/Somerville, US-Bundesstaat Massachusetts.

Artur Ekert   ist Professor für Quantenphysik am Mathematischen Institut der University of Oxford sowie Professor an der Nationaluniversität von Singapur.

Stephen Fairclough   ist Professor für Psychophysiologie an der Liverpool John Moores University.

Bruno S. Frey ist   Wirtschaftswissenschaftler und Ständiger Gastprofessor an der Universität Basel, wo er das Center for Research in Economics and Well-Being leitet.

Gerd Gigerenzer   ist Direktor am Max-Planck-Institut für Bildungsforschung in Berlin sowie des 2009 in Berlin gegründeten Harding-Zentrums für Risikokompetenz.

Ernst Hafen   ist Professor am Institut für Molekulare Systembiologie und ehemaliger Präsident der ETH Zürich.

Michael Hagner   ist Professor für Wissenschaftsforschung an der ETH Zürich.

Matthias Hein   ist Professor für Informatik und Mathematik an der Universität des Saarlandes in Saarbrücken.

Dirk Helbing	ist Professor für Computational Social Science am Department Geistes-, Sozial- und Staatswissenschaften sowie mit dem Department of Computer Science der ETH Zürich assoziiert.
Alexander Hevelke	ist Mitarbeiter am Lehrstuhl für Philosophie und politische Theorie der Ludwig-Maximilians-Universität München.
Yvonne Hofstetter	ist Juristin, Unternehmerin und Expertin für künstliche Intelligenz.
Jeroen van den Hoven	ist Professor für Ethik und Technologie an der Technischen Universität Delft sowie Chefredakteur der Fachzeitschrift *Ethics and Information Technology*.
Carsten Könneker	ist Professor für Wissenschaftskommunikation und Wissenschaftsforschung am Karlsruher Institut für Technologie sowie Chefredakteur von *Spektrum der Wissenschaft*.
Jaron Lanier	ist Computerwissenschaftler. Er lehrte an verschiedenen Universitäten und arbeitet heute für Microsoft Research.
Thomas Metzinger	ist Leiter des Arbeitsbereichs Theoretische Philosophie an der Universität Mainz und Direktor der

Forschungsstelle Neuroethik am dortigen Philosophischen Seminar.

David M. Nicol
ist Direktor des Information Trust Institute und Professor am Department of Electrical and Computer Engineering der University of Illinois in Urbana-Champaign.

Julian Nida-Rümelin
ist Professor für Philosophie und politische Theorie an der Ludwig-Maximilians-Universität München.

Alex P. Pentland
ist Direktor des Human Dynamics Laboratory am Massachusetts Institute of Technology und einer der Leiter der Initiativen des Weltwirtschaftsforums zu den Themen Big Data und Personal Data.

Christoph Pöppe
ist promovierter Mathematiker und Redakteur bei *Spektrum der Wissenschaft*.

Carlo Ratti
ist Architekt, Ingenieur und Leiter des Senseable City Laboratory am Massachusetts Institute of Technology in Cambridge, USA. Er arbeitet außerdem als Architekt und Städtedesigner in Turin.

Renato Renner
ist Professor am Institut für theoretische Physik der ETH Zürich und Experte für Quantenkryptografie.

Deb Roy	ist Assistenzprofessor am Massachusetts Institute of Technology, Direktor des Laboratory for Social Machines am MIT Media Lab und leitender Medienwissenschaftler bei Twitter.
Anthony Townsend	ist Forschungsleiter am Institute for the Future in Palo Alto, Kalifornien, einer Ideenschmiede, die strategische Voraussagen und Szenarien entwickelt.
Adrian F. Ward	ist Psychologe und Senior Research Associate an der Leeds School of Business der University of Colorado in Boulder.
Daniel M. Wegner	(†) war Psychologieprofessor an der Harvard University in Cambridge, USA.
Roberto V. Zicari	ist Professor für Datenbanken und Informationssysteme an der Goethe-Universität Frankfurt und Big-Data-Experte.
Andrej Zwitter	ist Professor für Internationale Beziehungen und Ethik an der Reichsuniversität Groningen sowie Honorary Senior Research Fellow an der Liverpool Hope University.

Willkommen zu den Springer Alerts

- Unser Neuerscheinungs-Service für Sie:
  aktuell *** kostenlos *** passgenau *** flexibel

Springer veröffentlicht mehr als 5.500 wissenschaftliche Bücher jährlich in gedruckter Form. Mehr als 2.200 englischsprachige Zeitschriften und mehr als 120.000 eBooks und Referenzwerke sind auf unserer Online Plattform SpringerLink verfügbar. Seit seiner Gründung 1842 arbeitet Springer weltweit mit den hervorragendsten und anerkanntesten Wissenschaftlern zusammen, eine Partnerschaft, die auf Offenheit und gegenseitigem Vertrauen beruht.

Die SpringerAlerts sind der beste Weg, um über Neuentwicklungen im eigenen Fachgebiet auf dem Laufenden zu sein. Sie sind der/die Erste, der/die über neu erschienene Bücher informiert ist oder das Inhaltsverzeichnis des neuesten Zeitschriftenheftes erhält. Unser Service ist kostenlos, schnell und vor allem flexibel. Passen Sie die SpringerAlerts genau an Ihre Interessen und Ihren Bedarf an, um nur diejenigen Information zu erhalten, die Sie wirklich benötigen.

Mehr Infos unter: springer.com/alert